図解 PREMIUM 眠れなくなるほど面白い すごい物理の話

東洋大学名誉教授
工学博士
望月 修
Osamu Mochizuki

日本文芸社

はじめに

本のタイトルが『すごい物理の話』なのに、どうしてあなたはこの本を手にとって、パラパラっとページをめくったのでしょう？「これってどうしてこうなんだろう？」「どうしてこんなことが起こるんだろう？」とフト疑問に思ったことがあるからではないでしょうか。でも、それを解決するために、物理学というものがかかわっているとしたら「むずかしいよなぁ……」とあきらめていたけれど、でも「何かモヤモヤするなぁ」「気になるなぁ」というところでしょうか。

そうなんですよ！　気になるんです。生活している身近なところにあなたが抱いた疑問や不思議がたくさんあるんです。

この本には、目次の項目タイトルに「？」を付けてあります。物理専門家の著者も、かつてあなたと同じ疑問を持ったものを並べたからです。だから、あなたが抱いた疑問そのもの、もしくは近いものがきっと見つかると思います。著者も同じように気になっていたんですよ、「だって、好奇心がいっぱいの人間だから」。

身の回りに起こっていることをきちんと知りたい方、スポーツスキルをアップしたい方、生き物のサバイバル戦略を知りたい方、などなどいろいろなことに興味を持っている方は本書を読んでいただきたい。こういう考え方をすると、いろいろなことが見えてくるんだということを本書から学び、ほかの疑問にも挑戦していってほしいためです。

1つのことだけ勉強していても見えないことを、角度の異なる分野から視線を当てると見えることもあるのです。そこに気づいてほしいと筆者は考えています。物理学を築いてきた先人たちも、実はあなたと同じように「なぜ?」という疑問を解決したいと苦労してきたのです。

でも、教科書を読んでも何やらむずかしそうなことが書いてあるだけで、自分が思っているシンプルな疑問とは掛け離れた、難解なことのみが記載されているのじゃないか、と思ってしまうんですね。そんなことはまったくありません。いま自分が直面している疑問に対して、学んできたことをどう関係させ、どう使えばよいのかという方法を知っていると、あなたは人類のさらなる発展に貢献できます。

これからの日本では、エネルギー問題や自然災害の対策にどう取り組み、解決していくのかが大きなテーマとなるでしょう。物理学は、そんな社会の要請にも応えられる思考の分野なのです。

本書が、みなさんの物理的思考力アップと問題解決力アップに少しでも役立てられれば幸いです。

2023年3月

眠れなくなるほど面白い
図解 すごい物理の話

もくじ

PART1
家の周りには物理があふれている

PART2
乗り物には物理があふれている

PART3
運動には物理があふれている

PART4

動物や昆虫には物理があふれている

PART5
自然現象には物理があふれている

COLUMN

PART1

家の周りには物理があふれている

01 水道は蛇口をひねるとどうして水が出るんだろう？

蛇口ハンドル、蛇口レバーと呼ばれる部分をひねるとふつうに水が出てきます（**図1**）。こんなときは、「なぜ水が出るのだろう」などと考えることはないでしょうが、人間とは勝手なもので断水になった途端に「どうして蛇口から水が出てこないのだろう」と頭をひねります。

では、蛇口ハンドルを回しても水が出てこなくなるのはどうしてか？　それはきっと以下の3つが原因です。

①冬の晴れた夜、放射冷却で朝方の気温が氷点下となり、水道管内の水が凍っているとき。家の中の蛇口は凍りついていないので回せるが、肝心の**水が凍っていてそれが栓となり配管内をふさぐため。**

②ポンプで加圧する配水の仕組みの場合、停電などが原因で**そのポンプが動いていないとき。**

③水源から取水する施設でなんらかのトラブルで**水を供給できない状態に陥っているとき。**

次に水を流す仕組みを考えてみましょう。

水を流すのに必要な力とは、ダムなどのように高いところに水があるときの**水の重さ（重力）と** **ポンプで発生させる水を押す力（圧力）**です。

集合住宅での配水方式には、高いところに設置した**配水塔から流す（重力利用）方法とポンプで加圧する方法**があります（**図2**）。配水塔に水を貯めるのにポンプで水を汲み上げますから、いずれの場合にも停電になるとポンプが動かせないため水が出ないことになります。ただし、配水塔方式であれば、貯まっている水がなくなるまでは出ます。

蛇口で水量が調節できるのは、蛇口ハンドルにつながっているスピンドルを回してコマ（ケレップ）パッキン（栓）を上下させることで、**蛇口内の流路面積を変化させられるから**です。ハンドルを閉めれば隙間が狭くなり、開ければ広くなって水が通りやすくなるという仕掛けです。もちろん全閉すれば水は出てこなくなります。ですが、パッキンが劣化していると、全閉してもわずかな隙間があるときはポタポタと漏れるので、そんな経験したことがあるかもしれませんね。

図1　蛇口の仕組み／単水栓

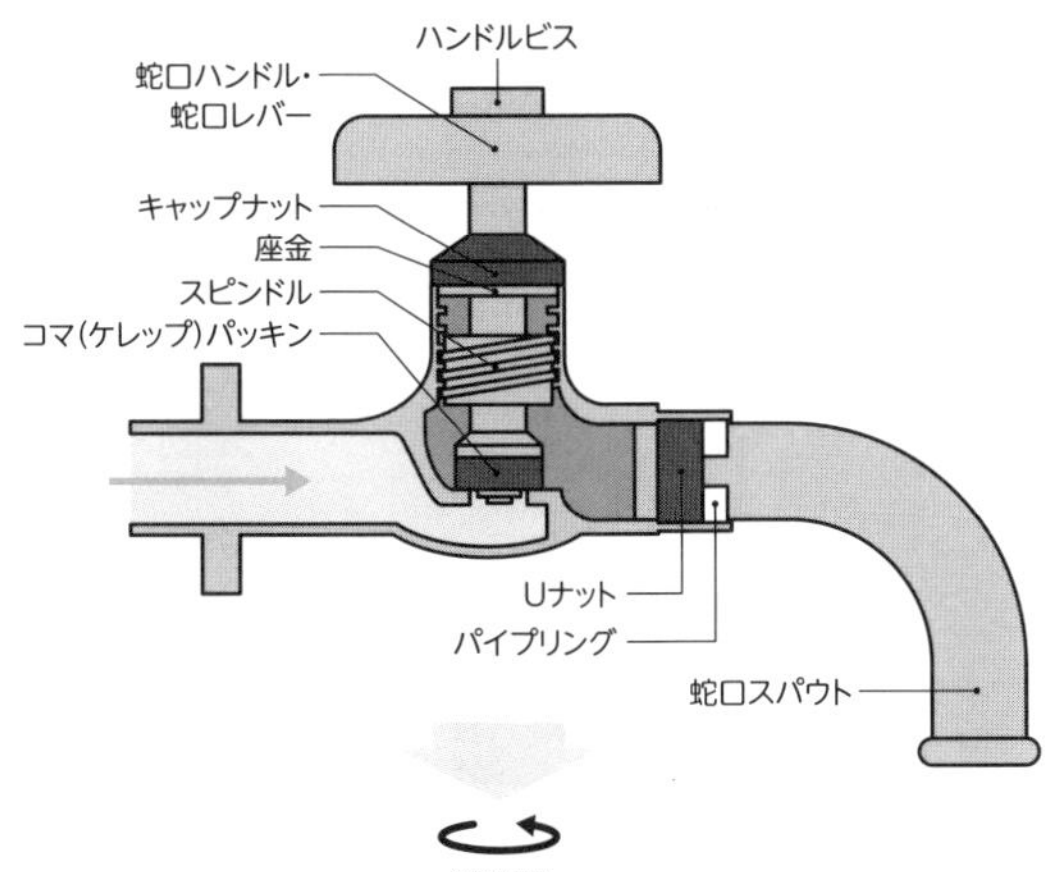

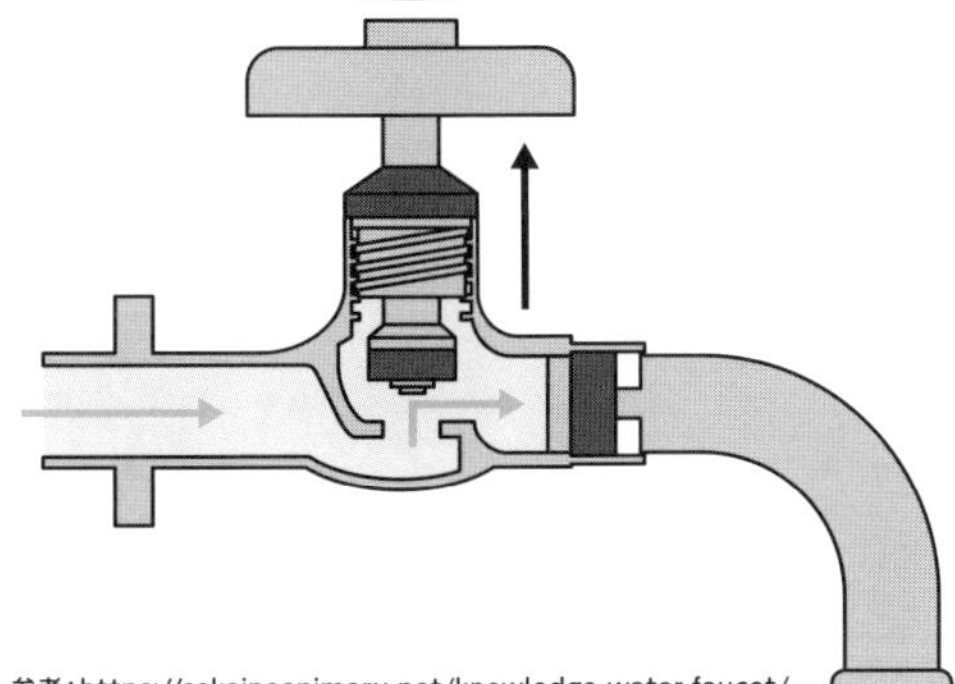

参考：https://sekainoanimaru.net/knowledge-water-faucet/

図2　汲み上げポンプの仕組み

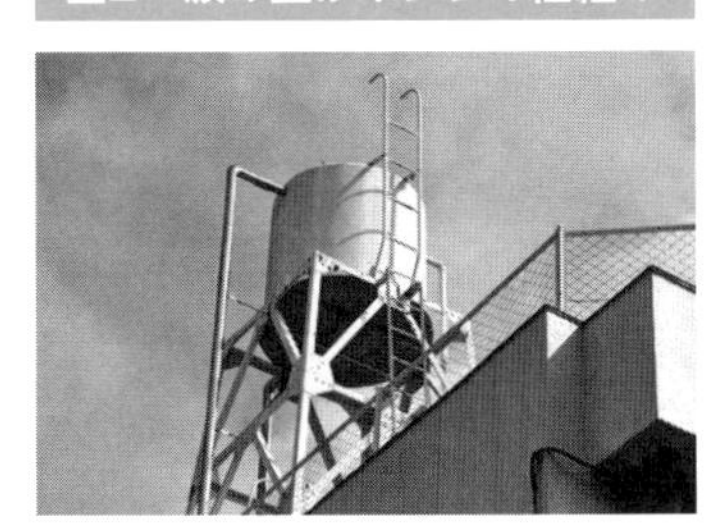

資料：マンションデータPlus
https://www.nomu.com/mansion/library/trend/special/kato06.html

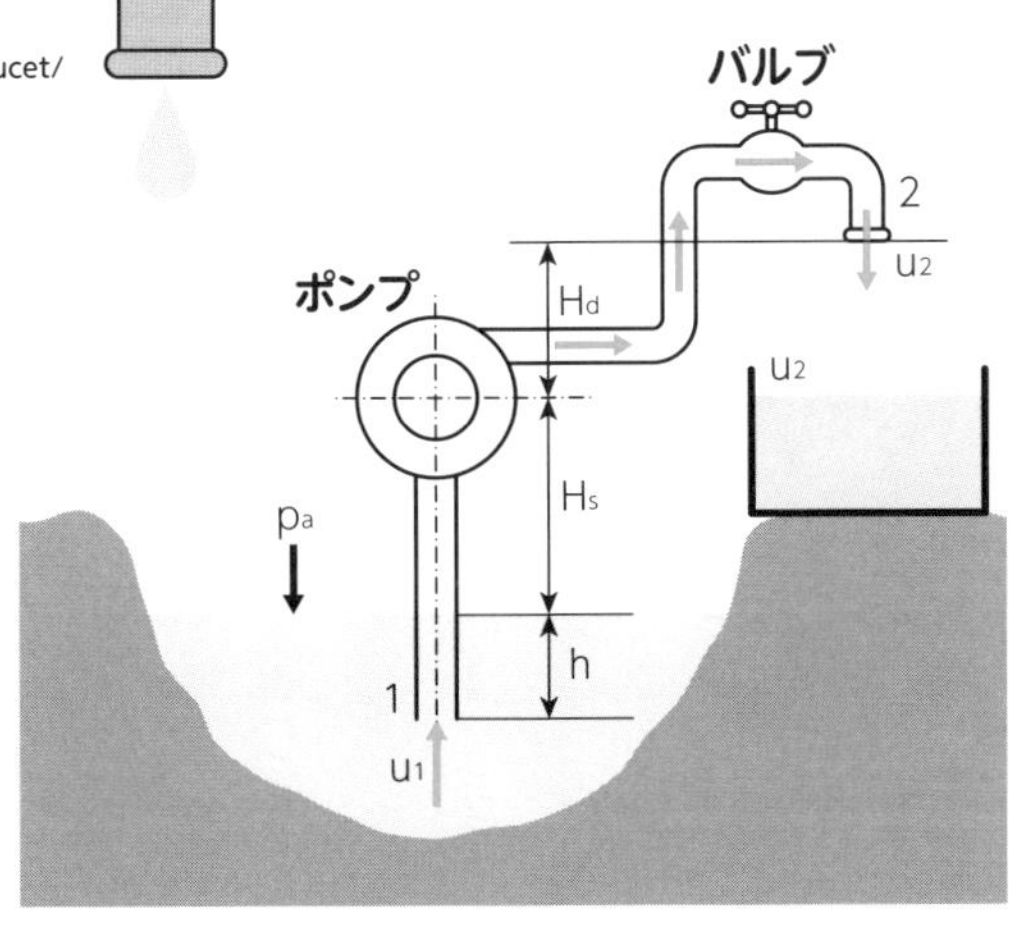

ポンプの全揚程 $H = (H_s - \frac{u_1^2}{2g}) + (H_d + \frac{u_2^2}{2g})$

記号の説明

p_a：大気圧
H：揚程（ポンプが汲み上げられる水の高さ）
H_s：水面からポンプまでの高さ
H_d：ポンプから蛇口までの高さ　U：流速

02 ガスはどれくらいの熱を発するんだろう？

家庭に引かれているガスは、**都市ガス13A（熱量45MJ/㎥）とプロパンガス（熱量99MJ/㎥）がメイン**です（**図1、図2**）。キャンプで使用する**携帯用ボンベやカセットコンロに使用するガスボンベは、ブタンガス（熱量128MJ/㎥）**です。13Aの組成（100％表示）は、メタン（90％）＋エタン（6％）＋プロパン（3％）＋ブタン（1％）です。13Aガスを1㎥燃やすと45MJの熱量が発生します。

さて、ここで1ℓの水の温度を15℃から100℃まで加熱するのに必要なガスの量を計算してみましょう。

水1ℓの重さは1kgあります。この量の水の温度を1℃上げるのに必要な熱量は4200J（ジュール）です。したがって、15℃から100℃まで上げるには85℃上げなければなりませんから、**4200×85=357000J＝0.357MJ**の熱量が必要です。この熱量を得るために13Aガスを燃やすとしたら、**0.357MJ÷45MJ/㎥＝8.0×10⁻³㎥（＝8000cc）**の容積のガスが必要となります。こうした計算によって、各家庭についているガスメータで使用量を計り、1か月で使ったガスの量に応じた料金が請求されるわけです。

熱量というのは、実際にそのものを燃やして水の温度を上げ、その温度上昇で算定します。

たとえば、ポテトチップス100gが持っているエネルギーは2・2MJです。ガスの代わりにこれを燃やして、先ほどの水1ℓ15℃を加熱して100℃にするのに必要な量を計算してみましょう。答えは16gと計算できます。ポテトチップスはすごいエネルギーを持っていることがわかりますね。

ところで、**食品の袋などに記載されている熱量の単位はcal（カロリー）**です。ジュールへの換算は1calが4・2Jに相当します。ということは、1ℓの水の温度を1℃上げるのに必要な熱量は4200Jですから、1000calある食品で代替できるわけです。覚えておくと、いざというときに役にたつと思いますよ。

ワンじい、
ガスって遠い国から
運ばれてくるんだニャン？

そうじゃのう。日本でも小さなガス田があるが、それじゃまったく足りんから、天然ガスはアラブ首長国連邦、カタール、オマーン、オーストラリア、マレーシア、ブルネイ、パプアニューギニア、ロシア、それにシェールガスの生産が増えたアメリカから輸入しておるのう。その量はなんと97%になるというんじゃワン。

図1　都市ガスが家庭に供給される流れ

液化天然ガス（LNG）が主原料の場合

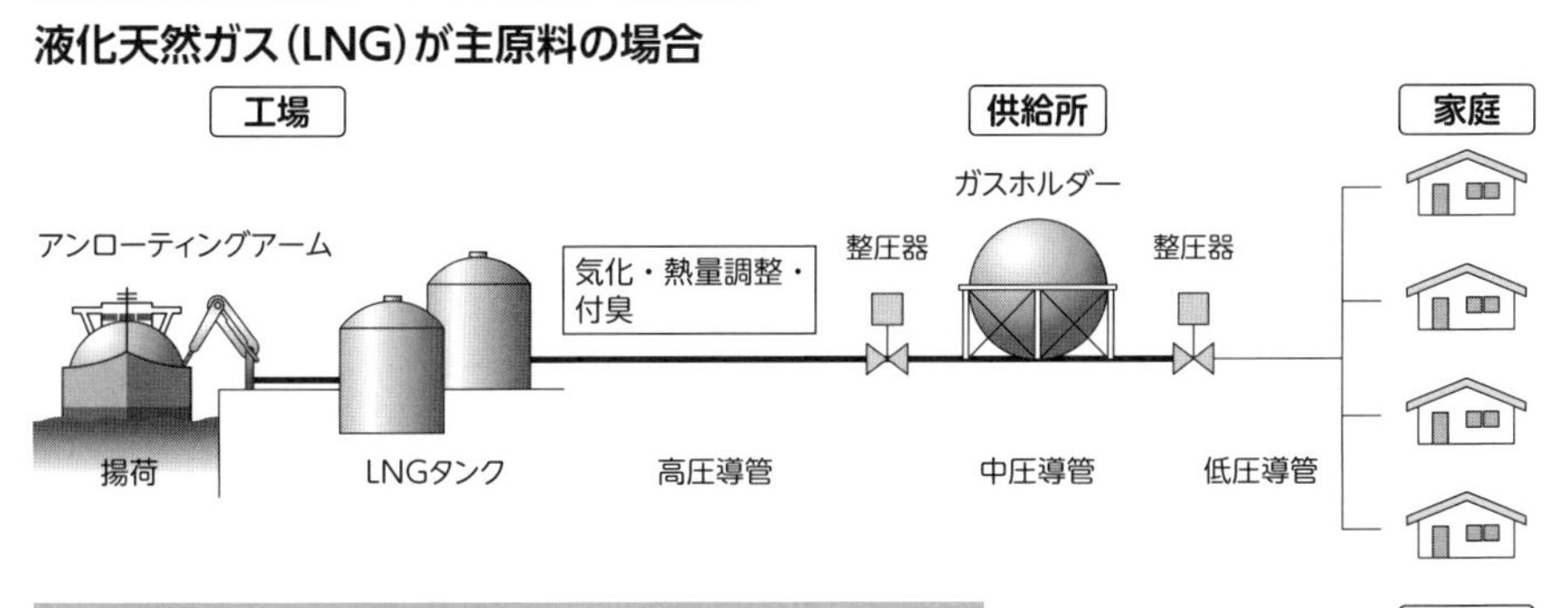

図2　プロパンガス（LPガス）が家庭に供給される流れ

輸入LPガスが主原料の場合

参考：一般社団法人日本ガス協会HP　https://www.gas.or.jp/chigai/

記号の説明
A：燃焼速度（燃焼速度は遅い順にA・B・Cで表示）　J：ジュール（仕事・熱量・電力量の単位）
kJ：キロジュール（1000ジュール）　MJ：メガジュール（100万ジュール）

03 水洗トイレってどんな仕組みなんだろう？

水洗トイレはどんな仕組みで汚水を洗浄するのだろう、と考えたことがありますか？

簡単な仕組みなので種明かしをしてみましょう。まず、水洗トイレがどんな構造になっているのか、**図1**で確認してください。

構造を確認したうえで、水洗トイレのタンクの横についているレバーを回すことを想像してください。そうするとどうなるか。

レバーにつながっている鎖（くさり）が伸びて排水溝をふさいでいる蓋（ふた）（ゴムフロート）が持ち上がります。そうするとゴムフロートは浮力で水中に止まり、その間にタンク内の水が排水管に流れ、トイレを洗浄するわけです。

水が排水管に流れることでタンク内の水位が下がりますが、水位が下がると同時にゴムフロートも下がりますね。そうしてゴムフロートの一部が水面から出るようになると、ゴムフロートは自重で排水管口にかぶさり、水路を閉じます。

水面の降下とともに浮き球も下がります。浮き球に付いたアームは**図2**の**「てこの原理」**でボールタップの栓を開け、水道管につながった手洗い管から水を出し、タンク内の水位を上げます。水位の上昇とともに浮き球も上がりボールタップの栓を閉じて水の供給を止める、というわけです。

浮き球とゴムフロートによる栓の開閉、および排水管の開閉には、このようにてこの原理が使われています。てこの原理は図2のように、**「支点から計った力が作用している点までの長さと、そこにかかっている力の積が双方で等しい」**というものです。

浮き球やゴムフロートは浮力を使って水位と連動するようにつくられています。それらの重さと

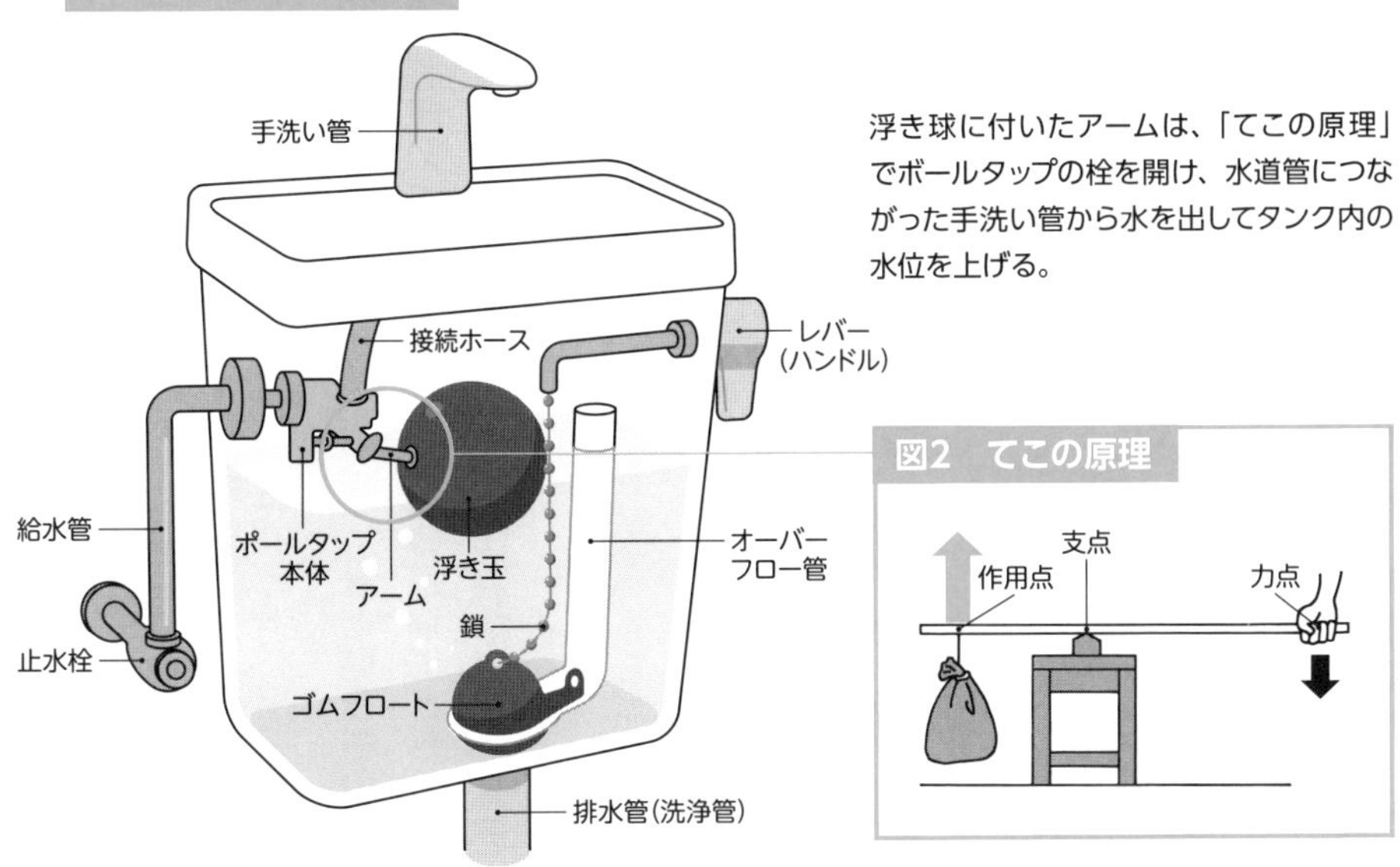

参考:水の110番救急車
https://www.mizu110119.com/column/toilet-short.html

浮力が釣り合うようにつくられているので、これによって中立の動きができます。

浮力は物体が押しのけた体積の水の重さです。**水の重さと物体の重さが釣り合う**ということです。したがって、押しのける水の体積がバランスをとるために重要です。**浮き球のように一部が水中に沈んでいるときは、その沈んでいる体積の水の重さが浮力となる**、というわけですね。

ねえ、ワンじい。
「てこの原理」ってなんなのニャン?

「てこの原理」とは、力点に力を加え、支点を中心とした回転運動によって作用点に大きな力を加えることじゃワン。力点とは力を加えるところで、作用点とは力が働く部分。支点は動かないように固定しているので弱い力で重いものを動かすことができるんじゃバフバフ。

04

圧力鍋はどんな仕組みでどうして早く調理ができるんだろう？

料理に使うのは水が基本です。**水というものは温度、気圧によって相変化（温度の推移にともなって物質の状態が気体・液体・個体に変化すること）します（図1、図2）**。

たとえば、1kgの0℃の〝氷〟から1kgの100℃の〝水〟にするまでに必須となる熱量を見積もってみましょう。まず、1kgの0℃の〝氷〟を1kgの0℃の〝水〟に融かすには、334kJ/㎏の**融解熱**を加える必要があります。その後、0℃の水1kgを加熱して100℃にするには、4200J/（㎏・℃）×1㎏×（100℃-0℃）＝420kJの熱量が必要で、これを**顕熱**といいます。したがって、トータルとして334kJ/㎏＋420kJ＝754kJが求められることがわかります。

さて、**水は1気圧の下では100℃で沸騰しますが、3000m級の山の上だと気圧は0・7気圧程度ですから100℃より低い90℃で沸騰して**しまいます。そこで圧力鍋の登場となるわけです。

蓋をキッチリ締めて、中の空気を閉じ込めて加熱すると、**「ボイル・シャルルの法則」**から圧力は鍋の中の温度比に比例します。鍋の中の蒸気発生は無視して考えます。たとえば0℃は絶対温度では273+0＝273K（ケルビンと読む）、90℃では273+90＝363Kなので、温度比は363／273＝1・33倍です。そのため、山の上の気圧が0・7気圧であっても鍋の中は0・93気圧まで上がることになり、沸騰温度は約99℃まで上昇していきます。

地上1気圧で圧力鍋を使えば、温度比は373/273＝1.37なので、鍋の中は1・37気圧となり、沸騰する温度は約110℃となります。つまり、この変化によって高温で料理ができるの

ナゾだニャ？

です（**図3**）。
ただし、水分が蒸発して蒸気が鍋の中に出てくるとさらに鍋の中の圧力は上がるので、沸騰温度は110℃よりももうちょっと高くなります。そうすると、なおスピーディに炊けることになり、料理時間も短くなるというわけです。

図1　水の相図とは

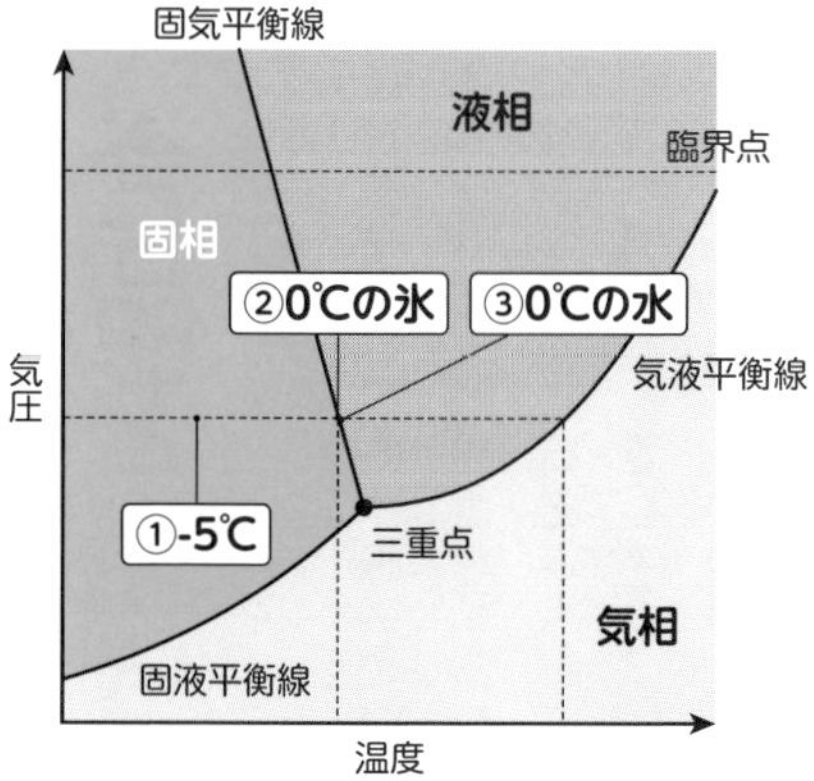

固気平衡線
液相
臨界点
固相
②0℃の氷
③0℃の水
気液平衡線
気圧
①-5℃
三重点
気相
固液平衡線
温度

図2　水の相変化

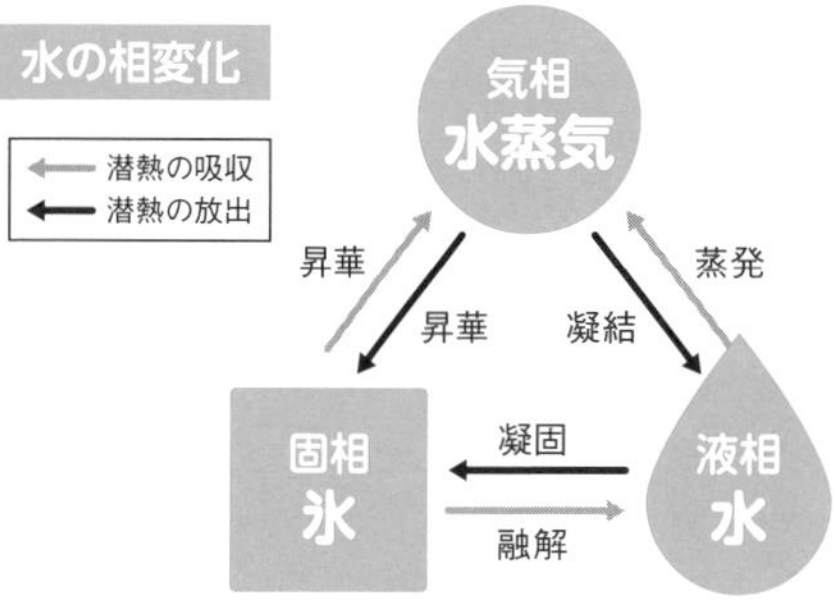

潜熱の吸収
潜熱の放出
気相
水蒸気
昇華
昇華
凝結
蒸発
固相
氷
凝固
融解
液相
水

記号の説明
J：ジュール（仕事・熱量）
kJ：キロジュール（1000ジュール）
K：ケルビン/熱力学温度（絶対温度）の単位（0℃は絶対温度273K）

図3　気圧と沸騰温度の関係

温度(°C)
110
100
80
0.5
1.0
1.5
2.0
気圧
気圧が1.37の場合
110℃で沸騰
気圧が1の場合
100℃で沸騰
気圧が0.7の場合
90℃で沸騰

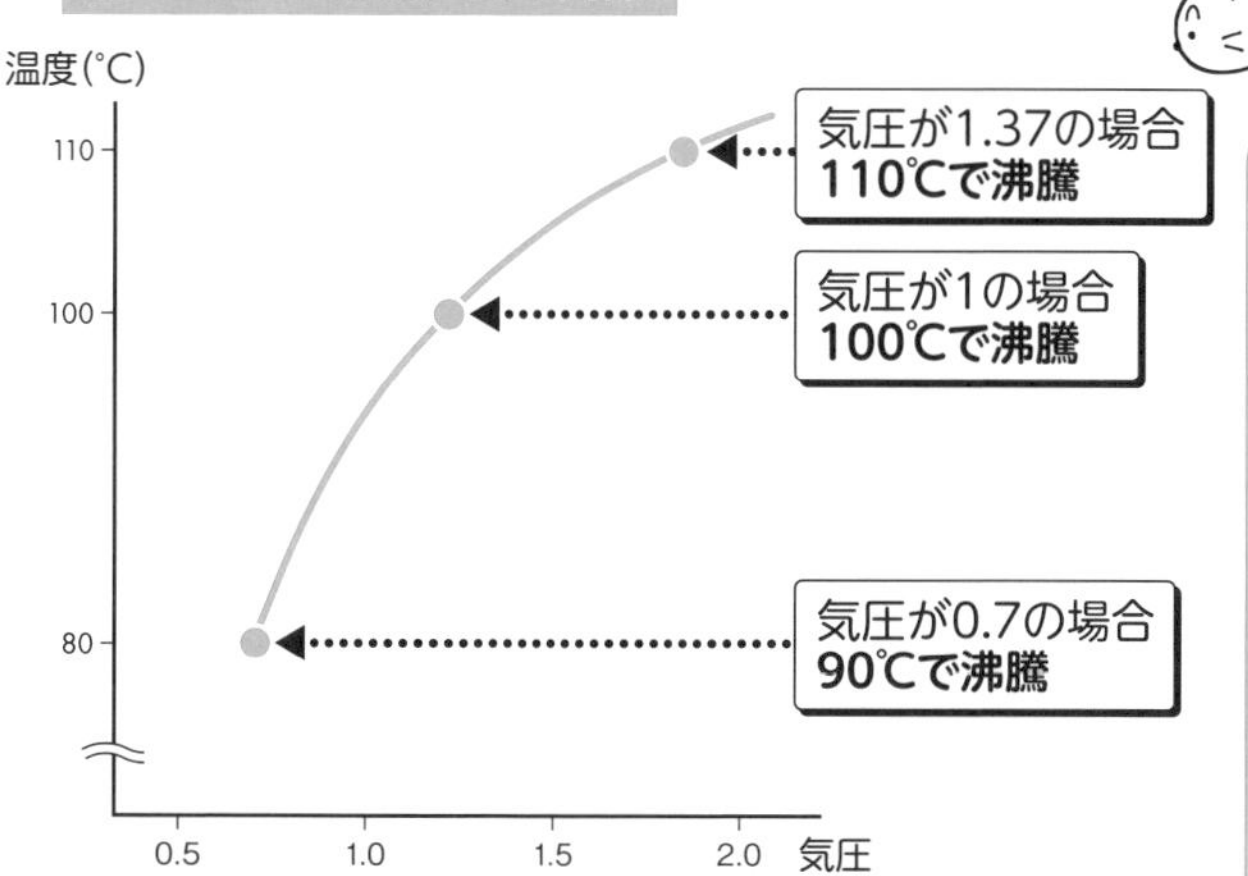

気圧が高いほど沸騰温度は高くなるので、
圧力鍋は圧力を高くすることで調理時間が短縮できる。

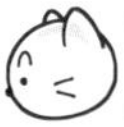

圧力鍋って
どんな仕組みニャン？

鍋を密閉して蒸気を外に逃さないようにすることで、水蒸気のエネルギーが増えて、温度や圧力や沸点が高くなる。そうすると鍋の中の食材を短時間で加熱できるから、調理時間が短縮されるんじゃ。まあ、「気圧が低いと沸騰する温度（沸点）が低くなり、気圧が高くなると沸騰する温度も高くなる」という原理を利用した鍋じゃワン。沸点が100℃から105℃になるだけで調理時間は半分になり、110℃になると4分の1の時間になるんじゃワン。

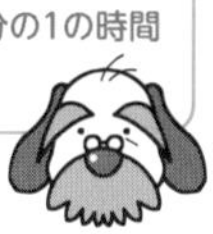

05 冷凍機はどんな技術で食品を凍らせるんだろう？

最近は冷凍食品の人気が高いといいます。電子レンジで〝チン〟すれば簡単に食べられるから便利なんですね。それに味もよくなっている。冷凍技術の進歩があるからでしょう。その冷凍技術とはどんな仕組みでつくられているのか、ちょっと気になります。実は**冷蔵庫の冷凍庫もエアコンと同じ原理**だ、といったら驚きますか？

冷凍庫の中の食品を冷やすために、**冷凍機**というものがあります。低いところにある水を高いところに汲み上げるポンプと同じように、**冷凍庫の中の低い温度の空気から熱を吸い上げて高い温度環境にその熱を汲み上げるのがヒートポンプ**で、これにより冷凍庫内を冷やします。

部屋を暖める**エアコンも外の冷たい空気から熱を吸い上げて、部屋の中にその熱を放出して部屋を暖め**ます。冷凍機も低温の冷凍庫の中の熱を吸い上げ、さらに冷やすのです。

つまり、エアコンも冷凍機も、目的対象が違うだけで原理は同じというわけです。

ところで、冷凍食品を解凍すると食感が悪くなったり、味が落ちていることがあります。これは、食品を冷凍するとき、**じっくり冷凍すると細胞内の水が凍る際に膨張して細胞を破壊するため、解凍して使うときに味が落ちる**からです**（図1）**。それを防ぐために冷凍庫の食品に冷気がまんべんなく当たるように送風機を入れ、空気をかき混ぜます。

ですが、それでも食品表面と内部との間には冷えるのに時間差が生じ、表面だけが乾燥してしまったり、内部の細胞が破壊されたりします。そこで**最新冷凍技術では、食品内部の水を振動させ、すぐには凍らないように過冷却状態にし、食品全**

ナゾだニャ？

体を一瞬で凍らせる技術を使っています（**図2**）。こうした技術の進歩で、冷凍された寿司や生ものも味落ちしないようになったのです。

図1 従来の冷凍機で起こる問題点

凍結前

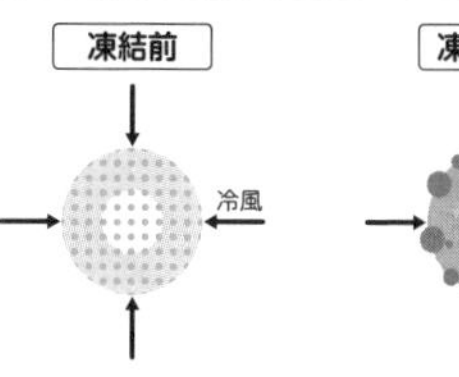

凍結前の細胞

凍結過程

周囲からだんだんに冷やされ、氷の結晶が成長。外側の氷が内部を断熱するので凍るのが長時間になる。

凍結中

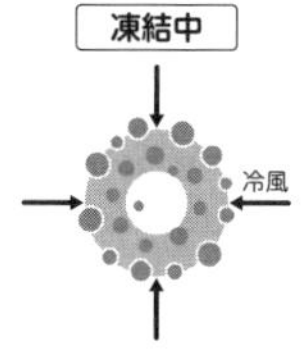

内側の水分が毛細管現象で外側に移動。そのためにパサパサになる。

解凍後

凍結時に細胞膜が破壊。そのため水分が旨味成分とともに流れる。

図2 新技術で問題点を解決した冷凍機

凍結前

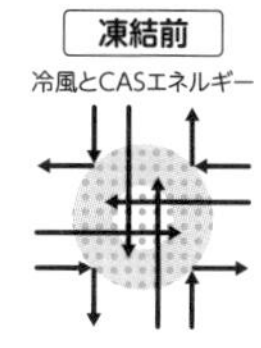

凍結前の細胞

凍結過程

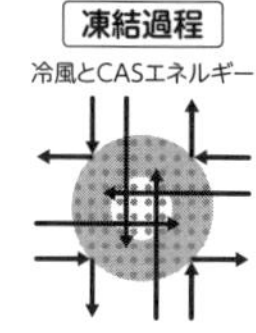

CASエンジンから発する微弱なエネルギーで水分子を振動させ、過冷却状態を維持して氷の成長を抑制する。

凍結中

過冷却により素材と水分子の凍結点を同等にすることで、素材全体が同時に凍結する。

解凍後

凍結時に細胞膜が破壊されず、水分子は元の位置にあるため、素材は冷却前と同じ状態に戻る。

参考：農林水産省HP

冷凍機の性能はどうやって表示されるか

冷凍機の性能はCOP_R＝低温熱源からの吸熱量／入力仕事で表される。理想的サイクルを使った理論$COP_{R,th}$は、次の式の通り。

$$COP_{R,th} = \frac{1}{\frac{T_H}{T_L} - 1}$$

（T_Hは室内の温度、T_Lは冷凍庫内の温度）

たとえば室内が20℃ならT_H＝273+20＝293K、冷凍庫内の温度を-20℃とすればT_L＝273+（-20）＝253Kなので、$COP_{R,th}$は6.3となる。冷凍機の動力が10kWなら、冷凍庫内から奪える熱量は1秒当たり6.3×10kJ/s＝63kJ/s。20℃の水1kgをこの冷凍庫に入れると、20℃⇨0℃への実用熱量はQ_W＝1kg×4200J/（kg・℃）×（0℃-20℃）＝-84kJとなる（マイナスは奪う熱量という意味）。

次に0℃の水を0℃の氷にするには$Q_{W\text{-}I}$＝-（1kg×334kJ/kg）＝-334kJ。さらに0℃の氷を−20℃にするには氷の比熱が2100J/（kg・℃）なので、Q_I＝1kg×2100J/（kg・℃）×（-20℃-0℃）＝-42kJとなる。そのため、トータルで-84+（-334）+（-42）＝-460kJの熱量を奪う必要が生じる。先の冷凍機だと1秒間に63kJの熱を奪えるので、460kJを奪うためには460kJ÷63kJ/s＝7.3秒。つまり、7.3秒で-20℃の氷をつくれるわけだ。

記号の説明

COP_R：低温熱源からの吸熱量／入力仕事　T_H：室内温度　T_L：冷凍庫内温度　K：熱力学温度（絶対温度ケルビン）
J：ジュール（仕事・熱量・電力量の単位）　kJ：キロジュール（1000ジュール）　Q：熱量

06 食べ物が煮えるってどういうことなんだろう？

熱を伝える方式には、**「伝導」「対流」「放射」の3通り**あります。

鍋で料理をする場面を考えてみましょう。ガスコンロの炎の熱は、電波のように空間を飛んで放鍋の底に伝わります。たとえば、焚火(たきび)の炎に直接触れていなくても顔が熱くなりますよね。これを**放射熱伝達**といいます。金属の棒の一端を火にかざしていると持っている側がそのうち熱くなりますが、これは**伝導熱伝達**といいます。

仮に鍋がアルミでできていれば、鍋底に伝わった熱は薄いアルミの板を通して鍋の中に伝わります。鍋底に接している水は、鍋底から熱を受けます。水は温まると密度が小さくなり、軽くなって上昇します。それが水面に到達するとそれ以上は上昇できないので、鍋のふちに沿って下がり、鍋の中をぐるぐると回ることになります（**図1**）。そうして水全体が混ざり温度が高くなっていきます。このような流れが**対流**です。

対流によって水全体に熱が伝わるのを**対流熱伝達**といいます。ちなみに**自然に起こる対流を「自然対流」、スプーンやお玉でかき混ぜて起こる流れによって生じる対流を「強制対流」**といいます。

通常、大きな対流は小さなセル（cell）状の対流で構成されるようになります。身近なところでは、味噌汁の味噌が**図2**のようにセル状に対流しているのが見られます。これを**「ベナール対流」**といいます。実は、崖などで見られる六角形の柱が並ぶ柱状節理(ちゅうじょうせつり)も溶岩のベナール対流の結果（**図3**）です。

熱伝導で伝わる熱量は、高熱源と低熱源の温度差に比例し両者の距離に反比例します。また、熱を伝える物質によって、伝わりやすいものや伝わ

りにくいものがあります。ちなみに、鍋の中の具材は、熱伝導によってお湯と同じ温度になるまで熱が伝わるのです。

対流熱伝達で伝わる熱量は、鍋底の温度と水の温度との差に比例します。放射伝達で伝わる熱量は、高温源の温度の4乗に比例します。その放射してくる熱をどのくらい受けとれるかは受取側の熱吸収率に依存しているわけです。

図1 鍋の中でお湯が対流する状態

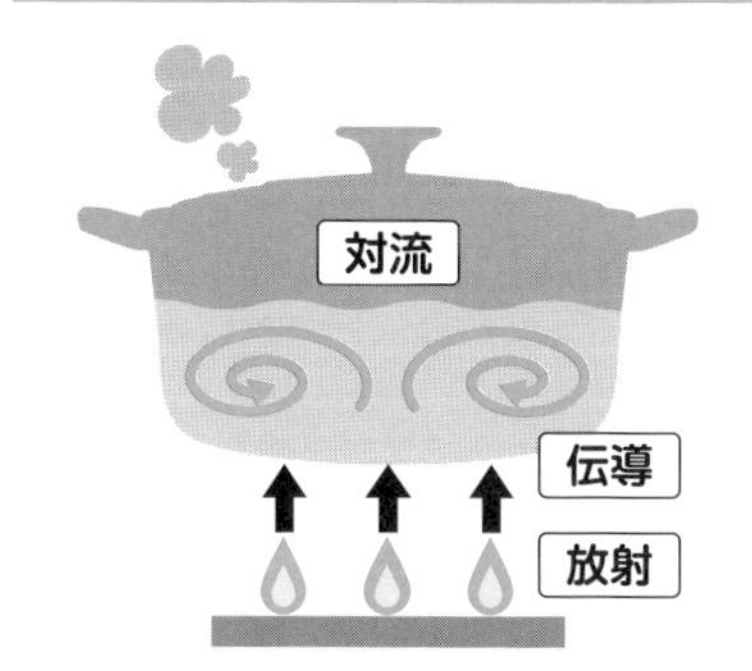

またむずかしい言葉が出てきたよ。「ベナール対流」ってなんなのニャン?

そうよのう。「ベナール対流」とは、まぁ、液体、この場合は味噌汁じゃが、これを下のほうから均一に熱してみる。そのうちに味噌汁の表面が冷えてくる。そうすると密度が増えて下に沈んでいく。そのときに見られる現象だのう。1900年にフランスの物理学者アンリ・ベナールが発見したんじゃワン。じゃが、柱状節理もベナール対流でできるとはのう。

図3 溶岩のベナール対流が造形した柱状節理

溶岩のベナール対流により奇岩となった北アイルランドのジャイアンツ・コーズウェー(巨人の石道)の柱状節理。
資料:Wikipedia public domain

図2 味噌汁に現れるベナール対流

器に入れた味噌汁が
ベナール対流する様子

07 ジュースをストローで吸い込むって どんな力なんだろう？

ふつう、コップの中のジュースをストローで飲むのに、「ストローを吸うと、どうしてジュースが飲めるのだろう」などと考える人はいないでしょう。ですが、その「どうして？　なぜ？」と思うのが人間の好奇心です。

何気なくストローでジュースを飲んでいるとき、「あれ!?　どうしてジュースが口の中に入るのかな」と疑問に思ったあなたは、きっと物理学の才能があるのかもしれないですよ。

では、ジュースとストローの関係の種明かしをしていきましょう。

まず、コップの中のジュースの水面は水平になっています。なぜなら、ジュースの水面には大気圧（空気の重さ）が一様にかかっているためです。**大気圧というのは1ｍ×1ｍの1㎡の面積の面に、約10トンの重さが乗っているのと同じ**です。ですので、**グラスの直径が8㎝であれば、その面には約50㎏の空気が乗っている計算**になります。

さて、その水面にストローを挿したとしましょう。ストローの中も大気圧ですから、ストロー内の水面はグラスの水面と同じです。

次に、口でストローの端をくわえてみます。くわえたままでは口の中も大気圧ですから、ストロー内のジュースは動きません。そこで**口から空気を抜いて（吸って）みます。わずかでも空気を抜けば口の中の気圧が下がり**ます。そうすると、**ストロー内のジュース水面を押している大気圧と、ストローをくわえた口の中の圧力とに差ができ**ます。そこで**ストローの中のジュースの重さと釣り合う高さまで、大気がストロー内のジュースを押し上**

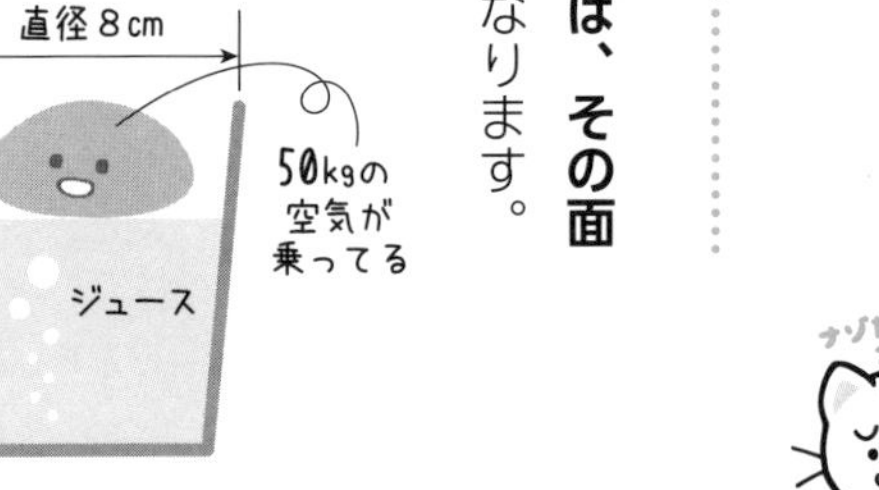

図1　コップの中のジュースにストローを入れた状態

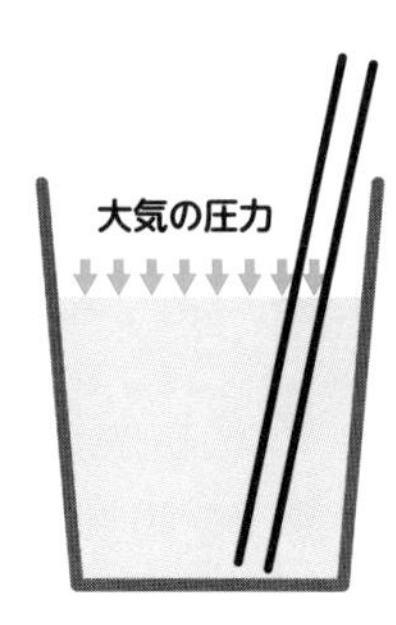

コップの中のジュースとストローの中のジュースに同じ大きさの気圧がかかっているため、コップとストロー内のジュースの水面が同じ高さを保つ。

図2　コップの中のジュースをストローで吸った状態

ストローを吸うことで、ストローの中のジュースの水面を押している大気圧とストローをくわえた口の中の圧力に差ができ、大気がストロー内のジュースを押し上げる。

げるというわけです。

もうおわかりですね。人がジュースを飲むためにストローを吸うのは、口の中の圧力を下げ、大気に押してもらって口の中にジュースを入れることができるからです。

ねえ、
じゃあ真空ならコップの中のジュースをストローで飲めるニャン?

おお、いい質問だ。
飲めると思うかのう?

う〜ん、わかんないけど、
飲めないと思うニャン。

正解!
宇宙空間みたいな真空状態ではコップの中のジュースをストローで飲むことはできないんじゃ。
なぜかというと、ジュースの水面を押す空気の重さがないからだ。
そこで、真空状態ではジュースの入った容器を手で押して飲むことになるんじゃワン。

08 エアコンが空気を冷暖房するって どんな仕組みなんだろう?

熱機関で仕事をするには、高熱源から熱を受けとって低熱源に熱を放出する必要があります。熱量差が大きいほど仕事量も大きくなります。逆に、エアコンの冷房は仕事を受けて低温源から熱を吸い上げ、高温源側に熱を放出します。熱機関とはサイクルの方向があべこべです。自然の法則では、熱量は高温源から低温源に向けて自然に流れます。これは、水の流れと同じです。

では、低所から高所へ水を持ち上げるにはどうすればいいでしょう。電気というエネルギーを使ってポンプを回し、水を低いところから高いところへ汲み上げますね。**熱も同じようにヒートポンプを使って、低温度のところから高温度のところへ熱を汲み上げます。エアコンはこのヒートポンプを使っている**のです。

図1のように低い温度の低温源を室内とすると、そこから熱を汲み上げ(冷やし)、高温源である周囲環境(外)に熱を放出します。このときエアコンは冷房機となります。逆に図2のように環境(外気)を低温源として室内を高温源とすると、エアコンは室内を暖めることになり、暖房機となります。エアコンは、スイッチひとつで室内を低温源か高温源かの切り替えを行なっているのですね。

また、1・5kWの電気ストーブだと、放出する熱量は1・5kWですが、同じ熱量を得るのに成績係数6のエアコンだと250Wですむため効率はエアコンのほうがいい。ただし、エアコンは外気から熱を奪います。極端にいえば、多くの人がエアコンで暖房すれば、外気も無限ではないために外気も冷えるという理屈になります。

ある温度の空気中に最大に含むことのできる水

蒸気量（飽和水蒸気量）に対して、実際にその空気中に含まれる水蒸気量の割合を相対湿度（%RH）といいます。したがって、ある湿度の空気温度を下げていくとその温度の飽和水蒸気量を上回ってしまうので、余剰分が水滴となって出てきてしまう。冷水などが入ったコップの表面についている水滴がそうです。冬の窓ガラスが結露しているのもこのせいです。ですが、これを利用してエアコンには温度を下げて除湿する機能もあります。物理は面白いですね。

図1　エアコンが冷房する仕組み

電気から変換された入力仕事(W)

室外ユニット

室内ユニット

冷房熱量(Q_L)

放熱(Q_H)

冷房

図2　エアコンが暖房する仕組み

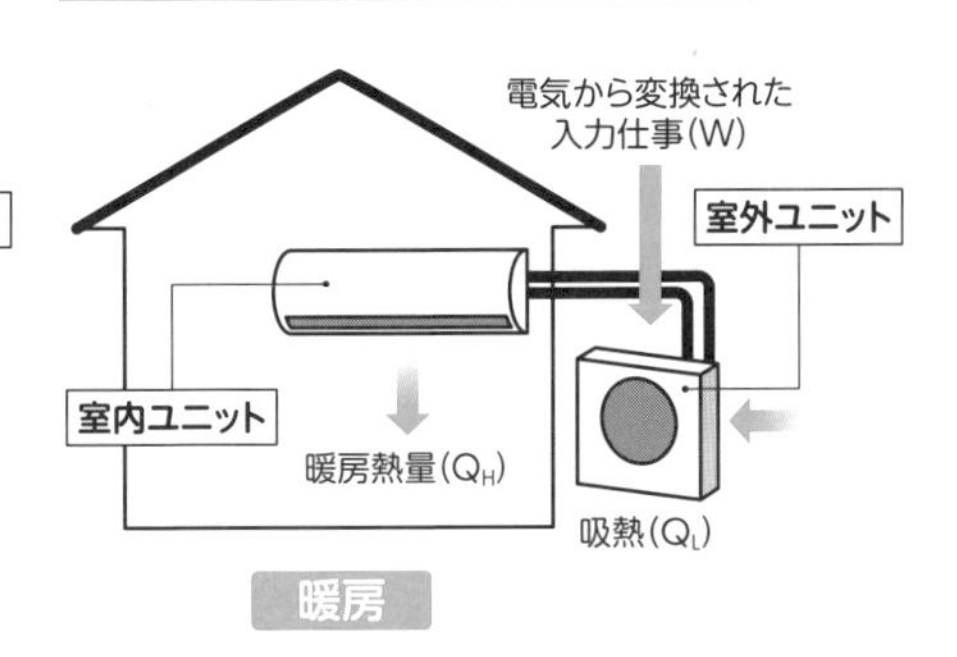

性能を表す成績係数とは

ヒートポンプの性能を表すのに使われる成績係数（COP：coefficient of performance）は、COP_{HP}＝高温源への放熱量／動力で表す。たとえば、500W（ワット）のエアコンで高温源への放熱量が3kWとすると、COP_{HP}＝3000/500＝6が成績係数。これは動力の6倍の熱量を部屋に放出できるということ。つまり、電力は500Wなのに熱量はその6倍になる。

また、冷房機にするときは低温源が部屋の中なので、そこからどれほど熱量を奪えるかが成績係数となり、COP_R＝低温源からの吸熱量／動力と定義される。たとえば、500Wのエアコンで部屋からの吸熱量が2.5kWの場合、COP_{HP}＝2500/500＝5となる。一般的にはCOP_{HP}＝COP_R+1の関係である。

09 白熱球、蛍光灯、LEDの発光の違いってなんだろう？

まず、白熱球の光る仕組みを考えてみましょう。**電球に電流を流し続けるとタングステンのフィラメントが3000℃ほどになり、高温になることで白く光る**ようになります**（図1）**。なぜそうなるかは次ページにまとめてあるので参考にしてください。

蛍光灯では、**電極のフィラメントに高い電圧をかけ、電子を飛び出させ対面の陽極側へ放電**させます。蛍光管に封入された**水銀蒸気の原子に電子が衝突し、水銀が紫外線を放射**するのです。そして、**ガラス管内壁に塗布された蛍光物質に紫外線が入射すると可視光を発光**します。

また、蛍光物質によって発光する色が異なります。周囲環境温度が20～25℃で効率よく発光するように設計されているので、低温となる冬場では水銀蒸気の分圧が低くなり発光効率が落ち、暗くなることがあります。

高輝度放電（HID）ランプ（High Intensity Discharge Lamp）は、**高圧の金属蒸気中のアーク放電によって発光**するものです。ナトリウムやスカンジウムなどの金属ハロゲン化物（メタルハライド）を発光物質として封入したものに**メタルハライドランプ**、**高圧ナトリウムランプ**、**水銀ランプ**などがあります。

LED（発光ダイオード）チップの基本構造は、**P型半導体（電子の足りない正孔が多い半導体）とN型半導体（電子が多い半導体）が接合された「PN接合」で構成**されています。P側のプラス電極をN側のマイナス電極につないで電流を流すと、**正孔（ホール）に電子が入って結合する際に余ったエネルギーが光として放射されます**。これが発光原理です。

LEDの発光色はチップに使われる化合物に依存します。**アルミニウム・ゲルマニウム・ヒ素の化合物では赤、インジウム・ゲルマニウム・窒素の化合物では青**といった具合です。

図1 白熱球の構造

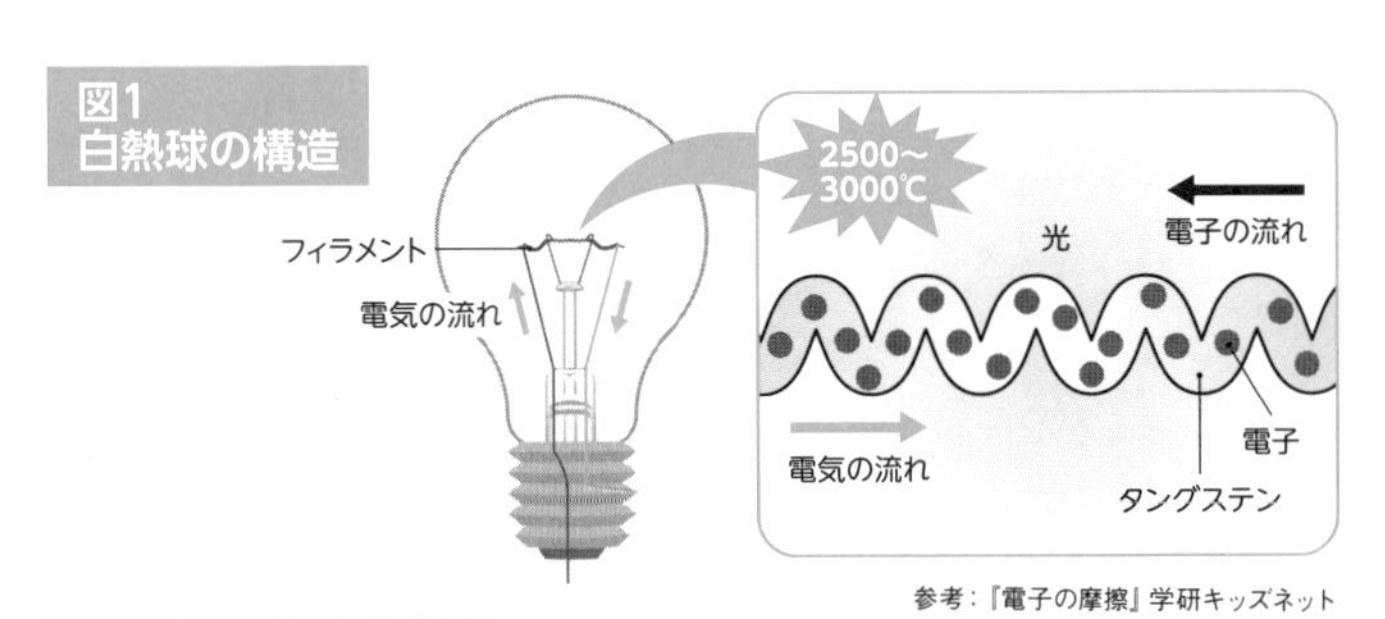

参考：『電子の摩擦』学研キッズネット

図2 蛍光灯の構造

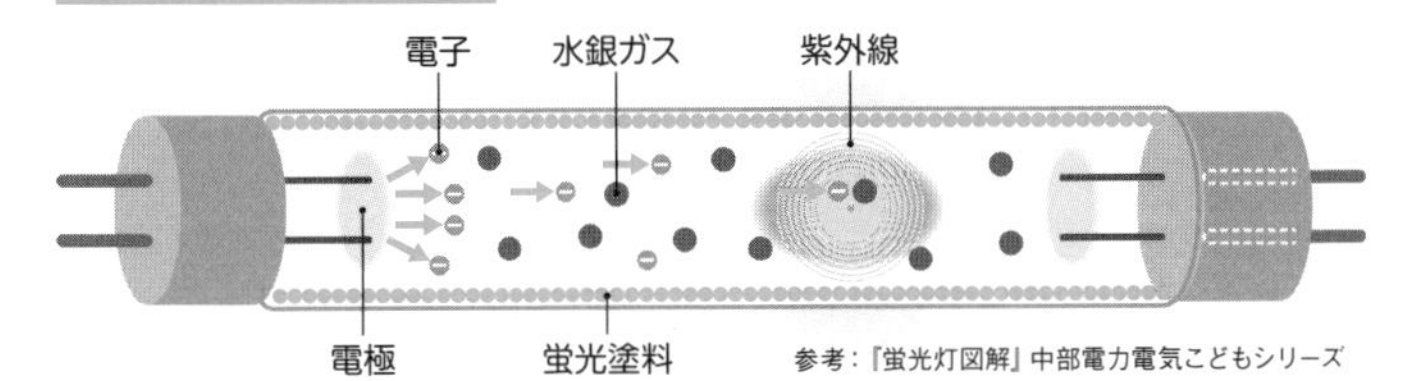

参考：『蛍光灯図解』中部電力電気こどもシリーズ

図3 LEDの構造

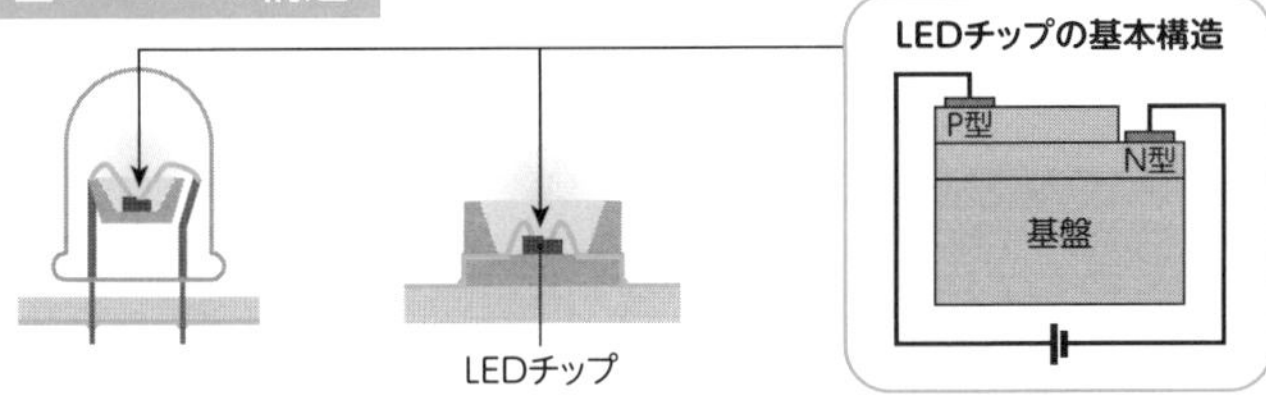

参考：Panasonicウエブサイト https://www2.panasonic.biz/jp/lighting/led/basics/principle.html

電球が光る仕組み

光のエネルギーは光の振動数に比例する。その比例定数はプランク定数hで、$h=6.62607015\times10^{-34}$ [m^2 kg/s] の値。振動数は光速を波長で割ったものなので、波長の短いほう（青、紫など）がエネルギーは高い。このエネルギーの放射が光となるため、なんらかの方法で物質にエネルギーを与えれば光ることになる。

抵抗Rオームの抵抗体に電流Iアンペアがt秒間流れると、発熱量Qジュールは「ジュールの第一法則」より、$Q=I^2Rt$で表される。この両辺をtで割ると左辺は単位時間当たりのエネルギーW（ワット）となり、$W=I^2R$となる。この単位時間当たりのエネルギーによって熱電球内部のタングステンのフィラメントは3000℃程度の高温になり、高温発光する。大抵の物質は798K（525°C）付近で少しくすんだ赤色に輝きはじめ、温度が高くなるにつれて赤から白、青へと変化する。これは熱エネルギーが物質の原子・分子に運動エネルギーを与え、さらに電磁波としてエネルギーが放出されること。それが可視光領域の波長のものであればその波長の色の光として見えることになる。

10 釘を打つときのハンマーの打撃力ってどれほどなんだろう？

ハンマーを金鎚（かなづち）とかゲンノウやトンカチとかいいますね。標準的重さは375g（昔の単位なら100匁（もんめ））です。このまま静かに釘の頭に乗せると、釘の頭にかかる力は0.375kg×9.8m/s²＝3.7N（m/s²は毎秒毎秒メートル。Nはニュートンで力の単位）という力になります。ですが、ハンマーを乗せるだけで釘が木の板に刺さっていくとは誰も思わないでしょうね。

ふつう、ハンマーを持てば、振りかぶってトントンカチカチと音を立てて、釘を打っていくと思います。

では、ハンマーで釘の頭を打てば、どうして釘が板に刺さっていくのでしょう？

これにかかわるのは**「撃力」**で、打撃や衝突における物体間の接触力です。J÷衝突するものどうしの接触時間Δtで表します。逆にJ＝FΔtと書いたときのJを力積（インパルス）と呼びます。力積の単位はNs＝kg・m/sなので、運動量を表すものと同じになります。

つまり、撃力というのは短い時間での運動量変化ということです。力積が同じであれば接触時間が短い（デルタティーΔtが小さい）ほど瞬間的にかかる撃力Fは、F＝J/Δtとなって大きくなります。

ハンマーヘッドの質量をm_h、振り下ろし速度をv_{h1}としましょう。釘そのものの質量は小さいのですが、板に刺さっていくときの摩擦力を加えた質量をm_nとします。

その前提で**「運動エネルギー保存則」**と**「運動量保存則」**から衝突後のそれぞれの速度v_{h2}、v_{n2}を求めた結果、釘を打ったときにハンマーがほぼ止まっているので（$v_{h2}=0$となる場合に相当）、**釘**

はハンマーのうち下ろし速度と同じ速度で刺さっていくと考えられるのです。

図1　ハンマーで板に釘を打つときの計算式

条件

- ハンマーの質量m_h、ハンマーの速度がv_{h1}から打撃後v_{h2}へ変化
- 釘の質量 m_n、釘の速度が$v_{n1}=0$（はじめ静止）から打たれたあとv_{n2}へ変化

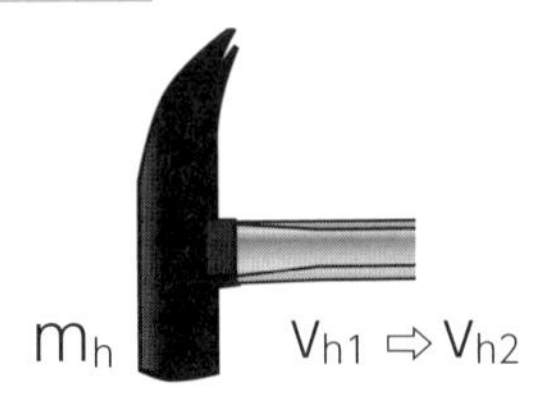

m_n　$v_{n1} = 0$ ⇨ v_{n2}

記号の説明
N：ニュートン（力の単位）　J：力積（インパルス）
Δt：デルタティー（接触時間）　F：力
m：質量　v：速度

ハンマーで釘を打ったときの関係

まずエネルギー保存則から、初めに両者が持つ運動エネルギーの総和は衝突後の運動エネルギーの総和と等しいので、

$$\frac{1}{2}mv_hv_{h1}^2+\frac{1}{2}m_nv_{n1}^2=\frac{1}{2}m_hv_{h2}^2+\frac{1}{2}m_nv_{n2}^2$$ と書ける。

また、運動量も保存されるので、

$$m_hv_{h1}+m_nv_{n1}=m_hv_{h2}+m_nv_{n2}$$ と書ける。

はじめ釘は静止しているので$v_{n1}=0$とすると、上の2つの関係から、衝突後のそれぞれの速度は次のように表される。

$$v_{n2}=\frac{2m_h}{m_h+m_n}v_{n1} \qquad v_{h2}=\frac{m_h-m_n}{m_h+m_n}v_{h1}$$

3つの条件での衝突後の速度

①ハンマーの質量が釘に比べて大きい場合

$$m_h \gg m_n : v_{n2} = 2v_{h1}、\ v_{h2} = v_{h1}$$

となるので、釘はハンマーの速度の2倍の速度で刺さっていき、ハンマーの速度は初速と変わらない。

②ハンマーの質量が釘と同じ場合

$$m_h = m_n : v_{n2} = v_{h1}、\ v_{h2} = 0$$

となるので、釘はハンマーの初速と同じ速度で刺さっていき、ハンマーは止まる。

③ハンマーの質量が釘に比べて小さい場合

$$m_h \ll m_n : v_{n2} = 0、\ v_{h2} = -v_{h1}$$

となるので、釘は刺さらず止まったままで、ハンマーは初速と同じ速度の大きさで跳ね返させられる。

ああ、釘が痛そうニャン！
でも、ハンマーで釘を打つと、
どうして板の中に
刺さっていくんだろう？

ふーむ、撃力とか運動量変化とかいうし、振り下ろし速度や摩擦力なども加わるらしいし……。「運動エネルギー保存則」や「運動量保存則」などもあってむずかしいのう。図1のように計算式があるから、それによると釘はハンマーを打ち下ろす速度と同じ速さで板に刺さっていくそうじゃがムフムフ。

11

ソフトクリームの**断面形状が星形**なのはどうしてなんだろう?

ナゾだニャ?

溝に板を渡して歩くと、板の真ん中がいちばんたわみます（**図1**）。その**たわみ量は渡した板の長さの3乗に比例して大きく**なります。当然、たわみ量は体重が重いほど大きいですね。**板のヤング率（板の強さE）は、断面二次モーメントIに反比例**します。つまり、板の剛性が高い（Eの値が大きい）とたわみにくいし、断面二次モーメントが大きい（曲がりにくい）とたわみにくいこともわかります。

「たわむ」とか「曲げる」場合、板の内側は圧縮、外側は引張の力を受けます。**単位面積当たりにかかる力を「応力」**と呼びます。曲げられたときの板の内部の応力は、板の中心を挟んで外側の**「引張応力」**から内側の**「圧縮応力」**まで直線的に変化します。

板の中心では、応力はマイナスからプラスに転じるためにゼロとなっています。なので、板の長手方向に対して直交（直角に交わる）する断面で見ると、板の中心周りのモーメントを受けているのがわかります。

応力の最大値は板の表面で生じます。仮に曲げモーメントMがかかったとき、この最大応力が小さくなるような断面形状があると曲がりにくいことが容易にわかります。それが断面二次モーメントを断面中心から板の端までの距離で割った値Zで、**「断面係数」**といいます。

長方形断面の板の断面係数は板幅と厚みの2乗に比例します。これが大きいほど曲げにくい、たわみにくいことになります。断面係数には板の材質や強度の情報が入っていませんから、単に断面の形状だけで曲げやすさや曲げにくさが判断できます。

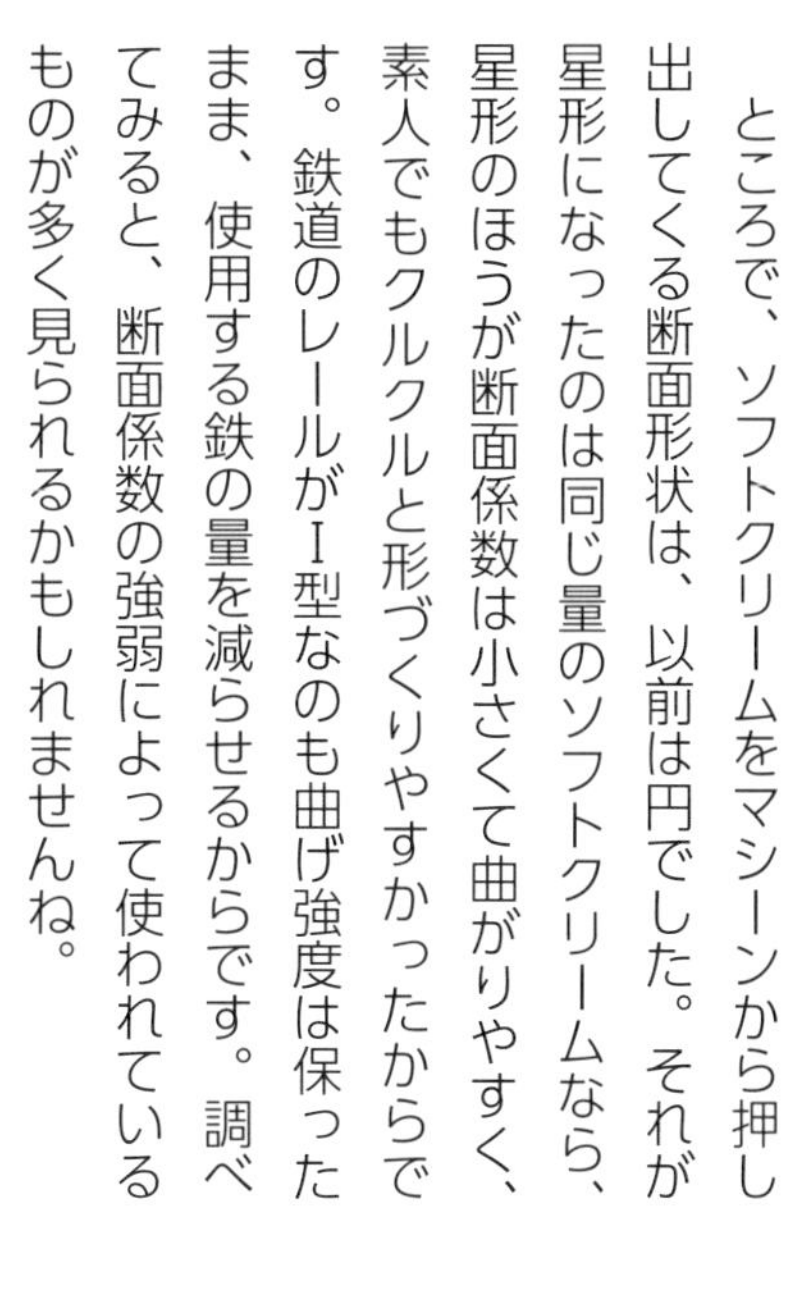

ところで、ソフトクリームをマシーンから押し出してくる断面形状は、以前は円でした。それが星形になったのは同じ量のソフトクリームなら、星形のほうが断面係数は小さくて曲がりやすく、素人でもクルクルと形づくりやすかったからです。鉄道のレールがI型なのも曲げ強度は保ったまま、使用する鉄の量を減らせるからです。調べてみると、断面係数の強弱によって使われているものが多く見られるかもしれませんね。

ソフトクリームの断面形状は星型

図1　板の断面係数の計算式

断面係数Z

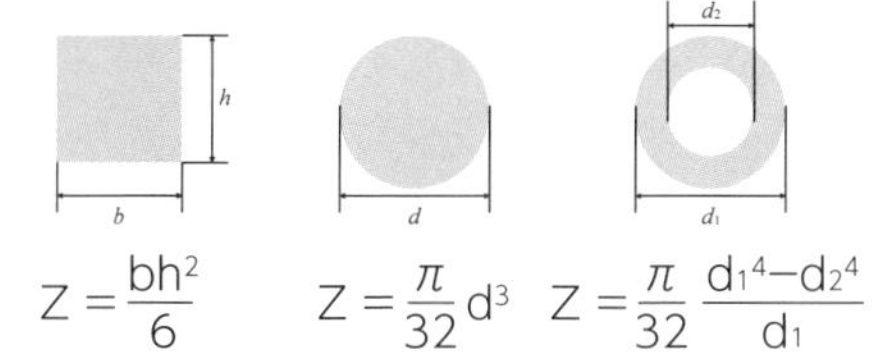

幅L［m］の川に板（断面形状は高さh、幅bの長方形）を渡して、その中央に体重W［kgf］の人が乗ったとき、水平からどのくらいたわむかは、そのたわみ量をδ［m］とすると次のように表される。この状態の板を両端支持梁という。

【たわみ量$\delta=WL^3/48EI$】

梁材の断面形状を高さh、幅bの長方形断面とすると断面二次モーメントIは、

$$I=\frac{bh^3}{12}$$

と表わせる。また、断面係数は、

$$Z=\frac{bh^2}{6}$$

最大応力は、

$$\sigma_{max}=\frac{M}{Z}$$

と表わせる。したがって、同じモーメントを掛けると断面係数が大きいほど最大応力は小さくなる、変形に要する力が小さいということは変形しにくいということになる。

断面の違いによって断面係数は異なるが、曲げの回転中心から縦長になるような断面形状のZは大きくなるので曲がりにくい形状といえる。たとえば、同じ長方形断面でもh≪bでは曲がりやすいし、逆にh≫bでは曲がりにくくなる。プラスチックの定規の断面を横（h≪b）にして曲げる場合と縦（h≫b）にして曲げる場合では、横にして曲げる方が断然曲がりやすくなる。

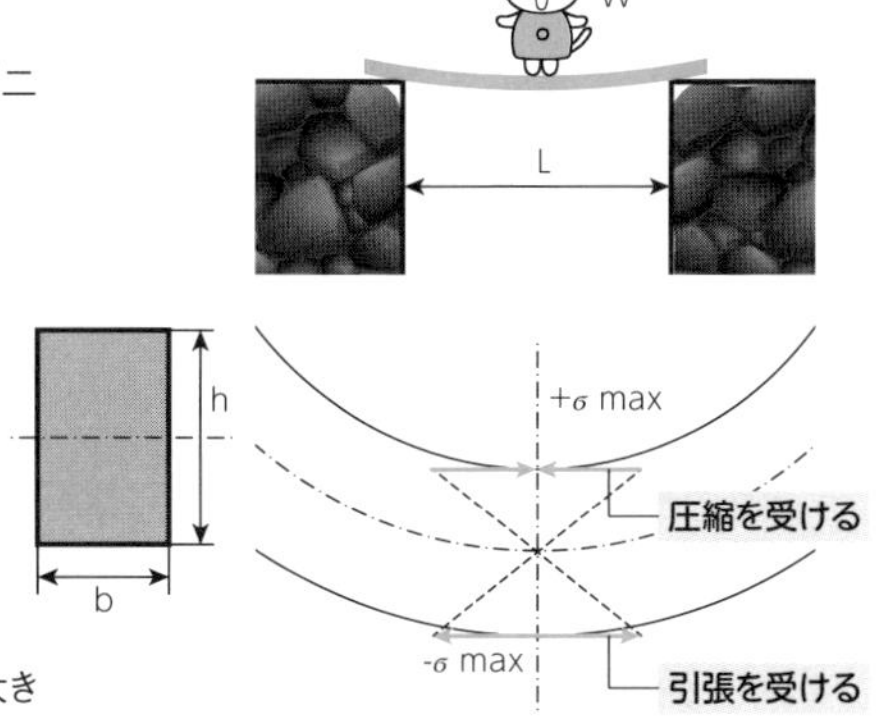

記号の説明
E：ヤング率　I：断面二次モーメント
W：重さ（体重）　L：川の幅　h：高さ
b：幅　δ：最大応力（デルタ）　Z：断面係数

エクセルギーと アネルギーってなんだろう?

秋田県男鹿地方に伝わる石焼桶鍋は、秋田杉でつくられた桶鍋にスープと具材を入れ、仕上げに熱した焼き石を入れて沸騰させる郷土料理です。そんな料理に400℃に熱した2kgの石（比熱0.8［J/（℃g)]）を12℃、1・3リッターの水（比熱4.2［J/（℃g)]）に入れたら、水はいったい何度（T）になるのでしょう。

水の中で石が失った熱量(＝質量×比熱×温度変化）は2000［g］×0.8×（T-400)、水が得た熱量は1300［g］×4.2×（T-12）と計算されます。石が失った熱量と水が得た熱量は同じなので、それらの和は0となるのでT＝100℃です。一定の時間が経てば両者が同じ温度になるという熱平衡をもとにした計算ですね。

さて、この熱エネルギーを仕事としてとり出すときのことを考えましょう。無限の熱容量（熱量を失っても温度が変わらない）を持つ高熱源から、熱エネルギーを受けとって仕事をする理想熱機関は「カルノーサイクル」と呼ばれます。その熱効率（＝仕事/受け取る熱量）は、（1－環境の低温度/高熱源の高温度）で表せます。しかし、ふつうは先の高温の石のように熱量を失うと、温度が下がる有限の熱容量です。そのような高熱源（温度T_H）から熱量Q_Hを受けとり、温度T_Lの低熱源の環境に熱量Q_Lを排熱するシステムで仕事Wを外部に成すとどうなるのか。高熱源の温度が変化して周囲環境と熱平衡になるまでにとり出そうとする仕事には、高熱源がはじめに持っている熱容量［質量×比熱×（T_H- T_L)］のすべてが使えるわけではありません。熱量は温度の変化分だけ少なくなっていき、使えない部分が出てくるわけです。

仕事に使えない部分の熱エネルギーを「アネルギー」と呼びます。はじめに持っている熱エネルギーからアネルギーを差し引いた分が、実際の仕事に有効に使えるエネルギーとなります。この有効エネルギーを「エクセルギー」といいます。有限の熱容量を持つ熱源のエネルギーのうち、仕事に有効に使えるエネルギーのことです。

秋田県男鹿地方の郷土料理・石焼桶鍋
資料：旅ぐるたびHP https://gurutabi.gnavi.co.jp/a/a_2232/

PART2

乗り物には物理があふれている

01

新幹線の形状はスピードとどんな関係があるんだろう？

新幹線の0系、100系の先頭形状はまるで飛行機のようですね**（図1）**。速く走るということで飛行機の流線形状をイメージしたものでしょう。

ただし、本来の**流線形というのは後尾部の形状が重要で、これは空気が形に添って流れ去る形状のこと**をいいます。そのためには**後尾部が滑らかにすぼまっていく必要があり**ます。

ところが、新幹線の場合、先頭部は復路になると後尾部になる。そうすると0系の形状では、鼻先の丸みや運転席の切り立ったフロントガラス部からの空気の流れが壁から剥がれてしまう（剥離流れという）。こうなるともはや流線形ではなく、空気抵抗も大きくなります。

そこで100系では、後尾部への切り替えを考慮し、鼻先を少し尖らせやや長めにしましたが、それでもまだ運転席のフロントガラス部は角度がついていて剥離します。次の300系ではフロントガラス部は滑らかにつながる設計に変更しました。

さて、この段階までは空気抵抗を考慮した設計でした。その後の700系以降となると鼻先がやたらと長くなりました**（図2）**。トンネルに入るときの気圧変化を緩慢にするためです。

トンネルという筒の空気を、たとえばピストンのように平らのもので急に押すと、その押し込んだ部分の空気密度が急に上昇し、衝撃波のようになってトンネル出口からドーンという音として放出されます。そうした衝撃を和らげるようにトンネルに入るピストンの断面積がゆっくりと増加するように鼻先を長くしたわけです。設計基準が根本的に違うんですね。ですから、先頭形状は水に

ふしぎだニャ？

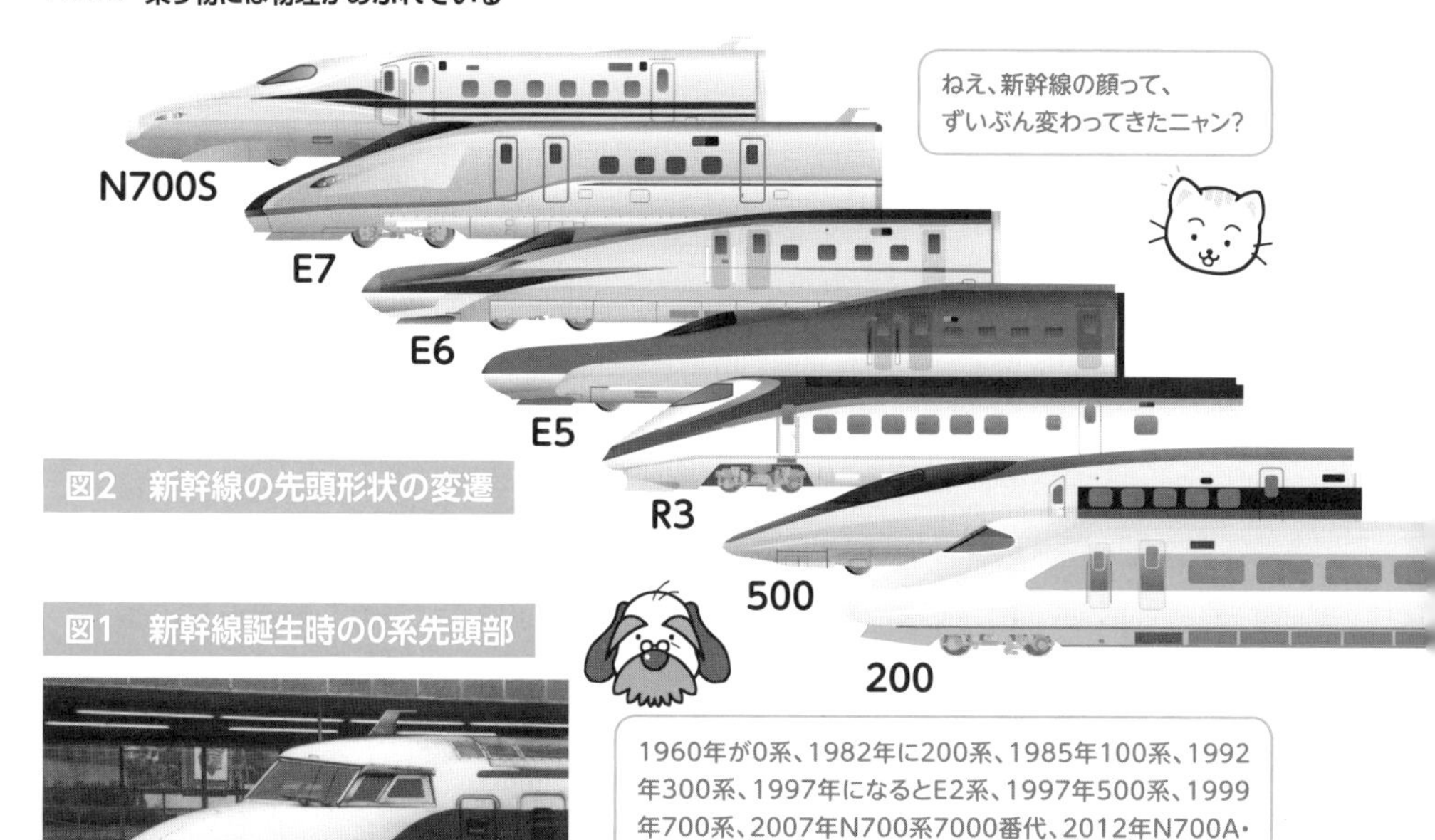

図2　新幹線の先頭形状の変遷

図1　新幹線誕生時の0系先頭部

資料：Wikipedia public domain

図3　リニアモーターカーL0改良型試験車

資料：JR東海　https://linear-chuo-shinkansen.jr-central.co.jp/about/design/

飛び込むカワセミのくちばし形状を模倣した形なっています。

トンネルの多いところを走るリニアモーターカー（図3）も同じなので、機会があれば見比べてみるのも面白いでしょう。

02

自動車はどうしてまっすぐ走ったり曲がったりできるんだろう？

1本の軸につながった2つのタイヤを転がしてみましょう。2つのタイヤの直径が同じならまっすぐ進みます。今度は左のタイヤの直径を右のものに比べてちょっと小さくします。タイヤは左に曲がっていきますね。この原理を使ったのが電車の車輪です。車輪にテーパー（**図1**）を付けて、曲がるときにレールに乗った車輪の直径が、遠心力によって左右で異なるように工夫されています。

これに対して、自動車は平らな路面を走るので、テーパーは使えません。そこでステアリングを切るときに**「アッカーマン式リンク機構」**（**図2**）を使います。**このリンク機構は、左右の前輪タイヤの傾き角度を変え、旋回中心からの円錐形の頂角が異なるように工夫**されています。

また、**後輪側では左右のタイヤが独立して回転するため、旋回半径の違いによって回転数を変えられる**ようになっています。

この後輪に似た構造を持つのがリヤカー（**図3**）です。リヤカーの車輪は、軸でつなげずに左右独立させているため、簡単に旋回することができます。

左右独立の車輪ではなく、軸につなげた車輪を使っているのが、お祭りなどの花形「山車（だし）」です。有名な「岸和田のだんじり」（**図4**）などは車軸で両輪がつながっているため、進路を変えるときには棒を差し込み、「てこの原理」で山車を浮かせて曲がります。

京都の「祇園祭」の「山鉾（やまほこ）」（**図5**）の回転の仕方は、細く切った竹を車輪の前に敷き、摩擦を減少させて方向を変えます。これを「辻回し」というようです。きっと、みんなで力を合わせて成

ふしぎだニャ？

し遂げることで一体感を生むためでしょう。

図1 車輪に付いているテーパー

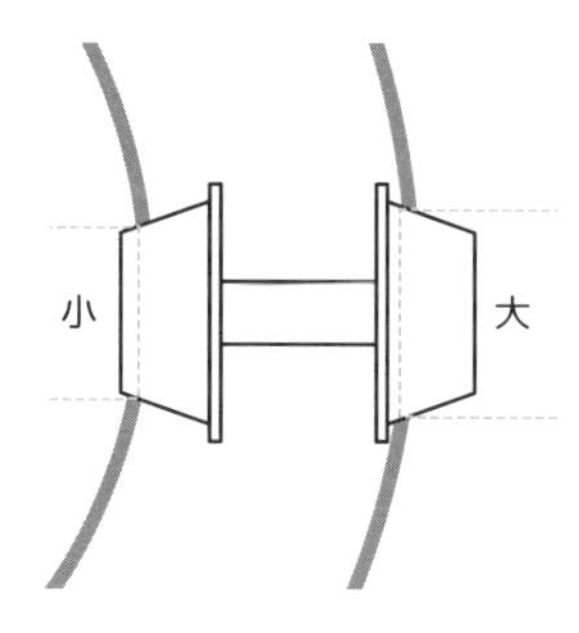

図2 ステアリングとタイヤのアッカーマン機構

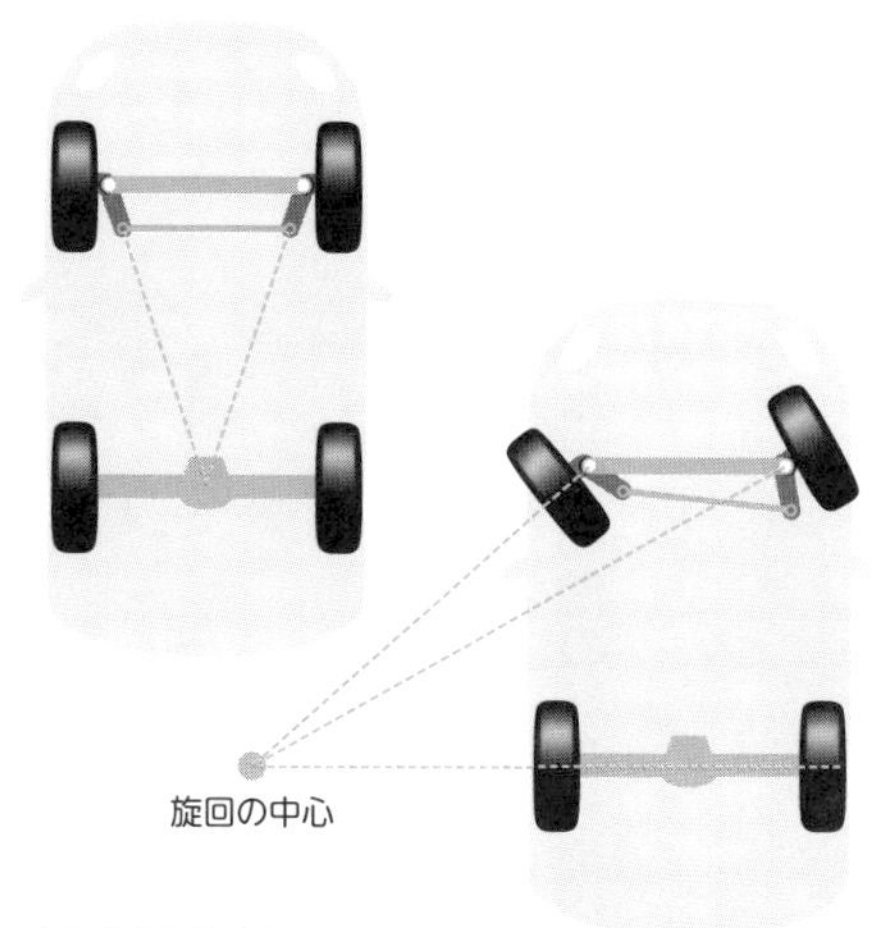

参考：株式会社旭商会HP
https://asahi-autoparts.com/stea.html

図3 自動車後輪の似た構造を持つリヤカー

図4 岸和田のだんじり

山車の進路を変えるときは棒を差し込み、「てこの原理」で山車を浮かせて曲がる。

資料：岸和田市観光課
https://www.city.kishiwada.osaka.jp/site/danjiri/

図5 京都祇園祭の山鉾

山鉾の回転の仕方は、細く切った青竹に水を十分に撒いてその上に山鉾の車輪を乗せ、曳き手たちが回転方向に引っ張り、摩擦を減少させて方向を変える。

資料：公益財団法人 祇園山鉾連合会
http://www.gionmatsuri.or.jp/photo/

03 自動車を走らすガソリンの燃費はどうやって計算するんだろう？

車が高速道路を時速100kmの一定速度で走行しているとしたとき、推力は車にかかる抵抗力（＝空気抵抗力＋タイヤと路面の間の転がり抵抗力）と釣り合うだけのパワーを出しています。外力となる抵抗力と推力が打ち消しあってあたかも力がかかっていないかのようです。これは運動方程式の左辺の加速度が0になるためで、すなわち**等速運動**していることを意味します。このことから、高速道路を時速100kmで走っているときのエンジン出力P［W（ワット）］を以下のように求めてみましょう。

車にかかる抵抗Dは、空気抵抗力と転がり抵抗力の2つです。

表に示す一般的な車の諸量※を使って抵抗力を見積もると、D＝503Nと計算できます。したがって、この抵抗と釣り合うために必要なエンジンの推力はT＝503Nとなります。ですから、この推力に速度27・8m／s（時速でいうと100km／h）を掛けるとパワーPを求められ、P＝T×uにより、P＝14kWが導かれます。馬力（HP）では19馬力です。これで1時間走るのに必要なエネルギーは、パワーに1時間＝3600秒を掛けることで求められるので14kW×3600秒＝5.04×10^7Jとなります。ちなみに、1時間の走行距離は100kmです。

ガソリン1リッターの持つエネルギーは、3.5×10^7J。このうちの15％がパワーを生み出すのに使われると仮定した場合、1時間で100km走るのに必要なガソリンの量は、9・6Lになります。リッター当たり何キロ走るかが燃費の評価となるので、100kmを9・6リッターで割ると、10・4km／Lと計算できます。

これらのことから**燃費を向上させるには、第一に空気抵抗を減らす**工夫をする、特に**C_D値（空気抵抗係数）を小さくする、**つまり、空気力学的に車に沿って空気がスムースに流れるようにデザインする必要があるのです（**図1**）。ですから、**余計な突起（ドアミラー、ワイパーやアンテナ）を工夫して目立たないようにする、車底をスムースにする、後部形状を空力的に低抵抗にする、それに転がり抵抗を少なくするために車重を軽くする**ことも重要です。あなたの車はこれらの要件を満たしていますか？

運動方程式は質量×加速度＝車にかかる力の合計で表せるので

$$m\frac{du}{dt} = T - D$$

抵抗の前についているマイナス符号は力の方向が推力と逆であることを意味している。
空気抵抗は車速の2乗と投影面積に比例する

$$D_{air} = C_D \frac{1}{2} \rho u^2 A$$

転がり抵抗は車重に比例する

$$D_{roll} = \mu_r W$$

※一般的な車の諸量は、車重W＝1250kgf、投影面積A＝1.77㎡、形状抵抗係数C_D＝0.38、転がり抵抗係数μr＝0.015、時速100km（u=27.8m/s）。空気の密度はρ＝1.2kg/㎥。

記号の説明
T：推力　D：抵抗力（空気抵抗＋転がり抵抗）
u：車速［m/s］ Dair:空気抵抗力　CD：空気抵抗係数
p：空気密度　Droll:転がり抵抗力　A：投影面積［㎡］

図1　車体形状で空気抵抗は大きく変化

クーペスタイル

●空気の剥離点が車の後尾にあるため、死水域が小さく空力的にすぐれたスタイル。

セダンスタイル

●空気の剥離点が後部ガラス窓のやや上の位置に来ることで死水域が少し広がるため、空力的にはクーペスタイルより劣る。

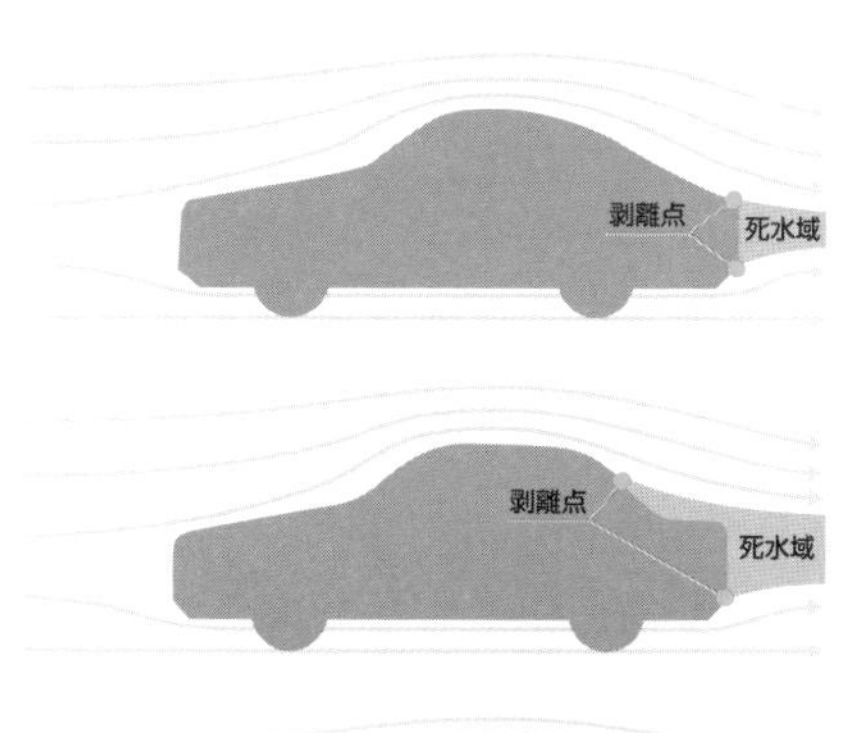

ハッチバックスタイル

●空気の剥離点が後部ルーフ（屋根）に来るため、死水域が大きくなり空力的にもっとも劣る。

後部にボルテックスジェネレーター（突起）を装着したハッチバック

●ルーフに突起を付けることで渦が生まれ、その強い粘性作用で空気の流れが曲がる。
●空気の流れが曲がることで剥離点が後方に移動し、死水域が小さくなる。

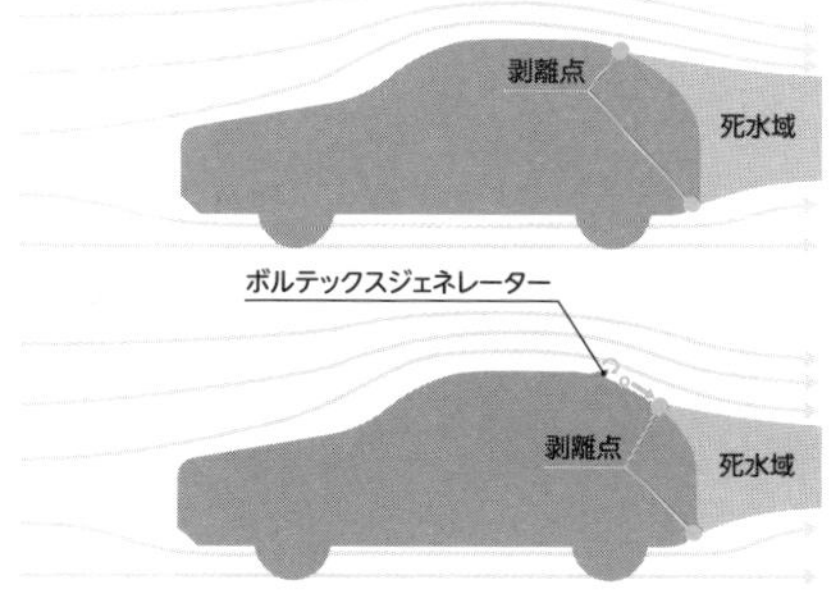

資料：Vis-Tech HP https://vis-tech.site

04 EV（電気自動車）はどんな仕組みで走るんだろう？

自動車の燃料は、ガソリンや軽油から、ガソリンと電気を合わせたハイブリッド、EV、燃料電池（水素）、バイオ燃料、合成燃料など脱炭素にシフトしつつあります。中でも電気自動車EV（Electric Vehicle）が一歩先んじたトレンドのようです。そこで、EVはどんな仕組みで走るのかを考えてみましょう。

EVとは、ガソリンエンジンをモーターに、燃料をバッテリーに、給油システムを充電システムに、燃料噴射コントロールを電流制御に、給油システムを充電システムに変えたものとなります（**図1**）。ただし、車の根本原理に違いはありません。

自動車の仕組みそのものに違いはありませんが、**ガソリンエンジン車ではピストンシリンダでつくり出す運動が往復運動なので、それを回転運動に変換する機構が必要**となります。また、燃焼をコントロールする機構はかなり複雑なため、車全体の**構成部品点数は約3万点**になるほどです。

これに対し、**EVでは動力を生み出すのはモーターなので、もともと回転運動をつくり出します（図2）**。モーターは磁界の中で電線に電流を流すと**「フレミングの左手の法則」**で知られる力を回転力として使います。**モーターのトルクは回転半径にその力を掛けたものですからトルクは回転半径、磁界の強さ（磁束密度：単位はテスラ）と電流に比例**します。

また、EVはプラモデル車と同様に部品点数が簡略化できる利点があります。**モーターの回転数を変化させるのは、電子回路で行なうので全体の構成部品は約2万点**と少なくでき、走行システムもプラモデル同様シンプルなものとなります。

問題はバッテリーです。充電にかかる時間と1

回の充電でどのくらい距離を走れるか、充電のインフラ整備など、運用していくうえで解決しなければならないことが多くあります。

もともと電気をつくるのは発電所ですが、SDGsの時代、自然への負荷を減らしつつ電気使用量に対して十分な発電量を確保しなければなりません。電力問題は、EVを普及させるための開発自体より、なお深刻かと思われます。開発されたものには、すべて「光と陰」がつきまとっているので、そうした面にも視点を向けておきたいものです。

図1 電気自動車とガソリン自動車の構造イメージ

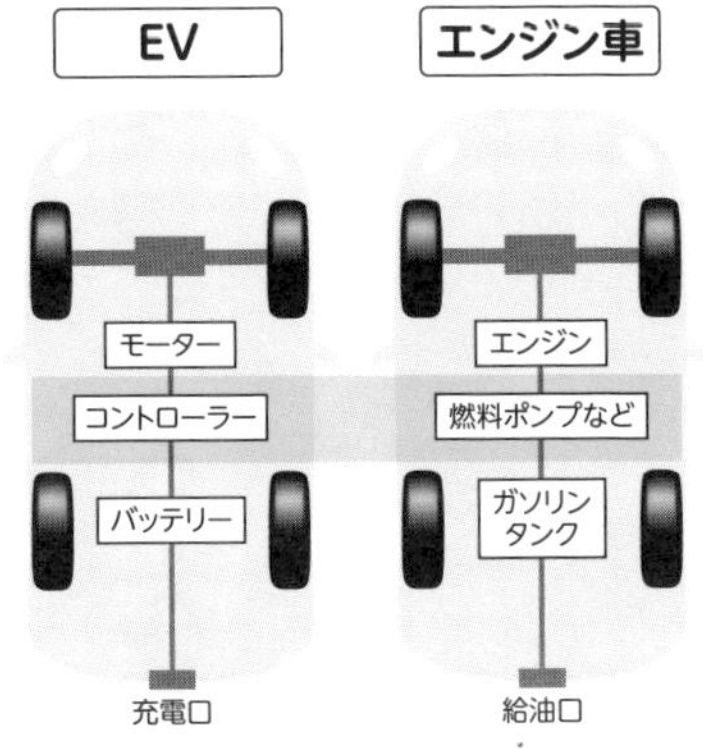

参考：https://evdays.tepco.co.jp/entry/2021/04/13/000006

図2 DC（直流）モーターの回転原理

N極からS極に向かう磁界B［T（＝kg/（s^2A））：テスラ］の中で電線に電流I［A：アンペア］を流すと、フレミングの左手の法則から長さL［m］の電線に力F（＝IBL［N:ニュートン］）が作用する。力の方向は図の右側の電線には下向きに、左側の電線には上向きに作用する。この力の作用は、ループとなった電線を（図でいうと）時計方向に回転させる偶力となり、回転力は2×半径R×力Fとなる。

記号の説明
トルクの理論式T=2RF=2RNBLI
T：トルク（Nm）　R：回転半径（m）
N：コイル巻き数　L：磁路幅（m）　I：電流（A）

参考：知乎　https://zhuanlan.zhihu.com/p/37332613

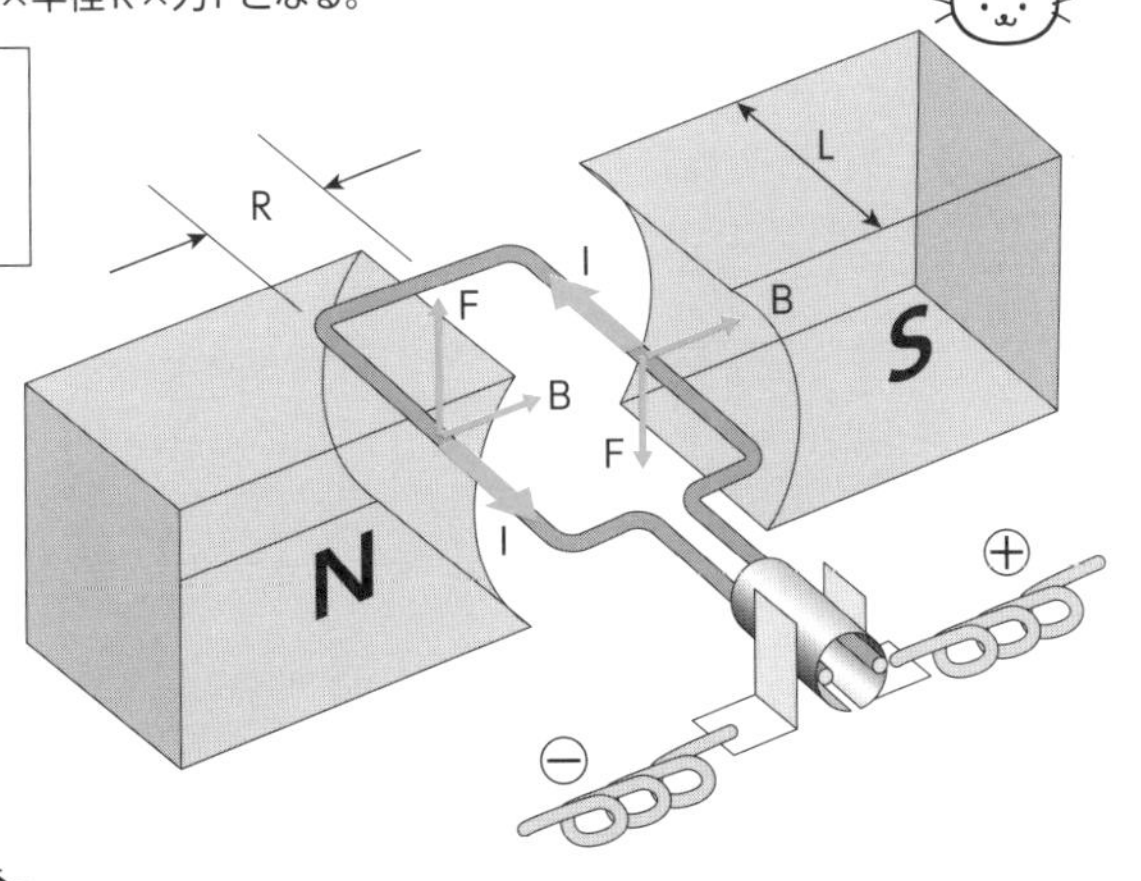

ねえねえ、電気自動車って環境にいいっていうけど、充電する電気は発電所がつくるんだよね。でも、発電所の燃料は石炭、石油にガスが多いんでしょ。じゃあ、やっぱり二酸化炭素なんかたくさん出すんじゃないのかニャン？

そうじゃのう。燃料電池も水素からエネルギーを取り出すのに電気を使うし……。じゃが、バイオマスや家畜の糞尿から水素をつくる技術が開発されているなど技術革新が期待できそうよのう。ほかに二酸化炭素からつくる「脱炭素燃料」の気体合成燃料のメタンや液体合成燃料のメタノールなどもあるんじゃが、はたして未来はどんな燃料の車が走っているのかワン。

05

カーナビゲーションの仕組みってどうなってるんだろう？

いまやカーナビゲーションやスマートフォーンは、カーライフや日常生活にとって必需品となっているようです。そのカーナビやスマホは、人工衛星が出す電波をもとに場所を特定します。これを**「衛星測位」**といいます。

測位のための人工衛星が**「全地球測位システム」衛星GNSS**（Global Navigation Satellite System）です。高度2万㎞から信号を送るアメリカのGPS（Grobal Positioning System）衛星がその代表例ですね**（図1）**。

日本では**「準天頂衛星システムみちびき」QZSS**（Quasi-Zenith Satellite System）が日本の真上を飛んでおり、アメリカのGPSなどと組み合わせて測位するための電波を出しています。

GNSS用衛星が発信している信号には、原子時計を利用した正確な時刻と衛星の軌道位置情報が含まれます。この2つの情報を受けとった**ナビシステムは、受信するまでにかかった時間を用いて衛星との距離を計算し、現在位置を特定**するのです。

なお、**情報には、4つのGNSS用衛星から同時に受信した信号を利用**します。本来、位置の特定には三角測量で3つの衛星を利用するだけで間に合うのですが、時間の補正も含めて4つの衛星を利用しているわけです。

人工衛星からの情報を受信するには、空が見える場所で利用する必要があります。トンネル内や地下では直接受信ができないのです。そのためトンネル内では車速計算から予測して位置を特定し、トンネルから出たときに衛星情報によって補正します。

地図情報として、道路ネットワークにおけるリ

ンク（道）に国道・県道といった道路の種類、幅員、車線数などの情報を、ノード（交差点など）には交差点の名称、信号の有無などの情報付けがなされています。そのほかに最高速度、一時停止、道路標高、冠水情報、キロポスト情報なども付加されており、至極便利な機能が付いているのです。

図1 高度2万㎞の宇宙空間を飛ぶGPS用衛星のイメージ画像

GPS用衛星が宇宙空間から地球に信号を送る。
軍事用信号は受信できないが、基本的には誰もが受信可能だ。
資料：GAZOO HP https://gazoo.com/column/daily/20/01/11/

図2 4機のGNSS用衛星と受信のイメージ

衛星からの電波が受信機まで届く時間に電波の速度（光の速度と同じ秒速約30万㎞）を掛けて衛星から受信機までの距離を計る。衛星との距離を半径とした球を描く。3基の衛星を使って3つの球が交わる地上に近い点が受信機の位置となる。ただし、実際には受信機が内蔵する時計は正確ではないため、4基目の衛星との距離も測ってズレを補正する。

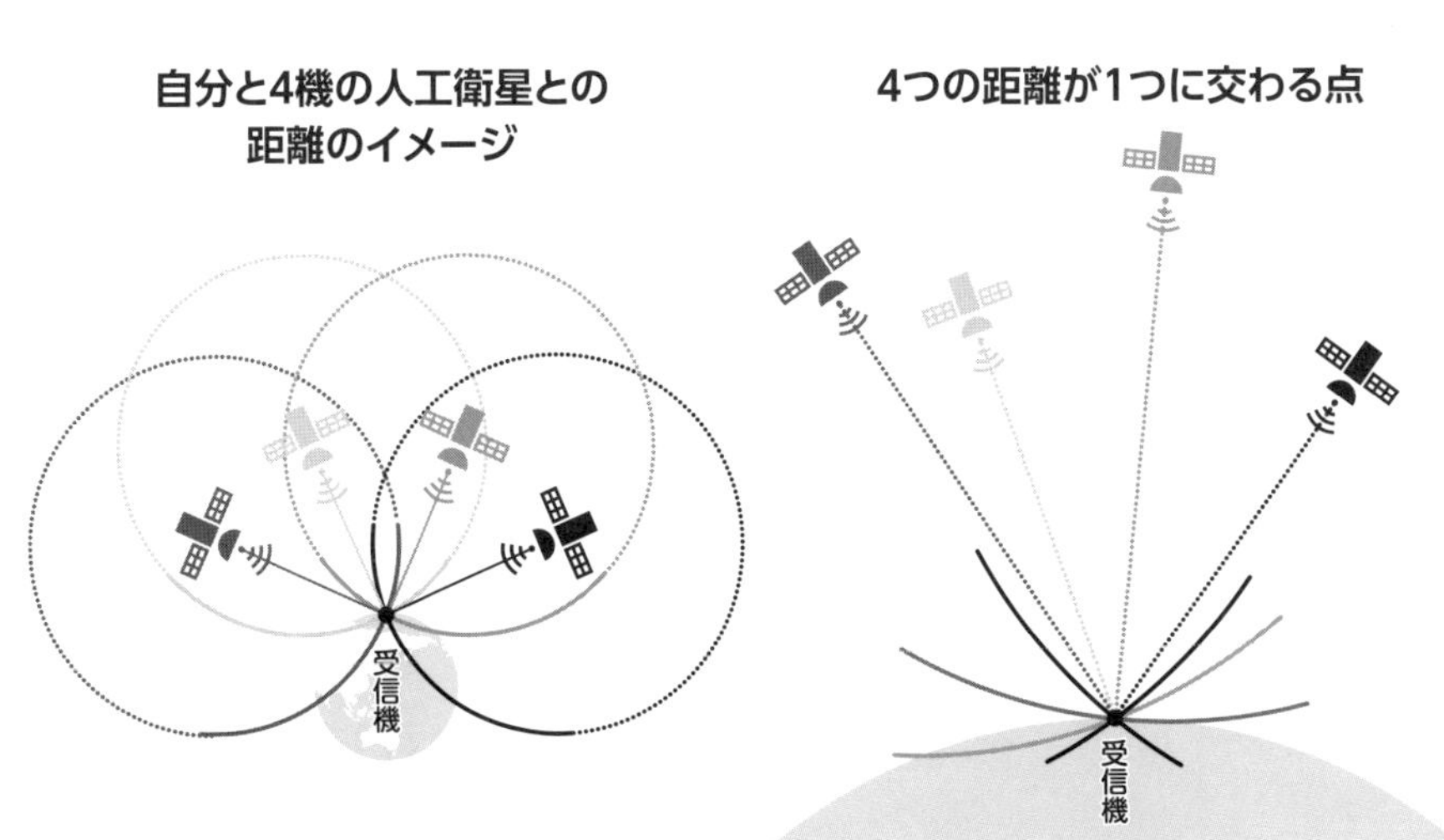

参考：https://www.keisokuten.jp/static/sp_gnss.html

06 自動車って水没したらどうすればドアが開くんだろう？

　ときどき自動車が水没して脱出が困難だったとのニュースが流れます。時には脱出できずに溺れて亡くなるといういたましい事故もあります。どうしたらこんな事故から生還できるのでしょうか。

　では、集中豪雨で道路が冠水したところに自動車が入り込み、深みにはまって水没した状況を想定してみます**（図1）**。

　こうした災難に遭ったときに人はパニックに陥り、しばしば「自動車はガソリンをエンジンで燃焼させて動いていること」を忘れ、「バッテリーが水に浸かればすべての電気系統は使えなくなること」を忘れてしまいがちです。

　燃焼には空気が必要なので、水没したら真っ先にエンジンが止まり、すべて電動に頼っている現在の自動車では、装置がすべて動かなくなります。窓を開けて脱出しようにも電気が来なければモーターが動かない。そうするとロックも外せず、パワーウィンドウも動きません。幸いドアのロックが外れていたので、いざドアを開けようとすると、これがびくともしません。ではなぜ、ドアは開けられないのでしょうか？

　それは「**静水圧**」がかかっているためです。**静水圧というのは水の重さのこと。水位が上がれば上がるほど、その位置にかかる静水圧は深さに比例して大きく**なります。水面からの深さh＝10㎝では100Pa（パスカル（＝kgf／㎡））、つまり100kgfの重さが水底の1㎡の面積にかかっています。50㎝の深さでは1㎡当たり500kgf、1mの深さでは1㎡当たり1000kgfです。

　たとえば、ワンボックスカーのように屋根までの高さが1.6mある車を想定しましょう。ワン

ボックスカーの屋根まで水に浸かると、水深は1・6m。簡単に計算するために、ドアの幅を1mとします。そうすると、このドアには水深に比例した静水圧が襲い、平均800kgf（＝7840N）の水圧が水深1・07mの位置にかかるのです。

さて、800kgの重さがドアにかかっていたらどうなるでしょう。まず、ふつうでは開けられませんね。これが水圧の怖さです（図2）。

対処の仕方としては、窓ガラスを先端の尖ったもので割って車内に水を入れること。ドアの内側と外側の水圧を等しくすれば、合力が0となるため開けることができるようになります。緊急脱出用ハンマーを運転席の近くにとり付けておくことは必須なのです。

図1　JAFがテストした水深何cmで車のドアは開かなくなるのか

試験場のスロープ角度5.7°から水深30cm・60cm・90cmと進んで120cmの平坦部分に止まる状況で、どの段階でドアが開かなくなるのかの実験（2014年6月3日施工技術総合研究所 川床地試験場にて実施）。

資料：JAF HP
https://jaf.or.jp/common/safety-drive/car-learning/user-test/submerge/door

●セダンの実験結果

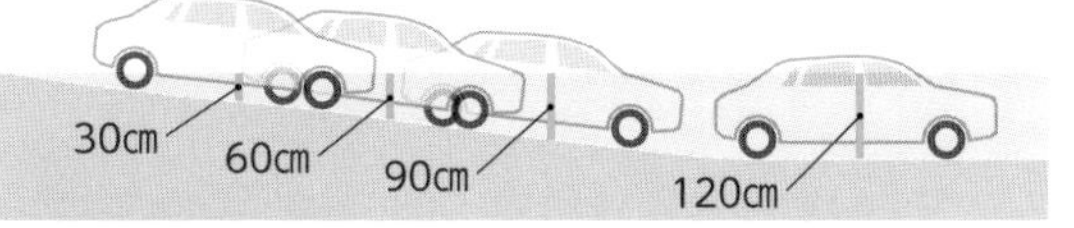

後輪が浮いている状態
60～120cm（30cmは実験せず）の全部で開けられず。
完全水没の状態
30cm・90cm・120cmではすぐに開けられたが、60cmでは開けるのに24秒かかる。

●ミニバンの実験結果

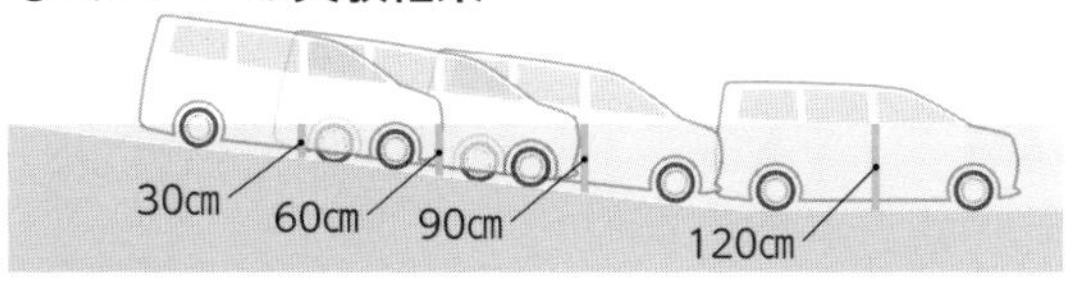

後輪が浮いている状態
90cm・120cm（30cm・60cmは実験せず）で開けられず。
完全水没の状態
30cmではすぐに開けられたが、・60cm 55秒・90cm 58秒・120cm 40秒で開けられた。

図2　車のドアにかかる水圧の計算

水面での0から底で最大となるように静水圧は水深に比例して大きくなる。静水圧の平均値は底における最大値の半分。長方形のドアの場合、その平均力が水面から水深の3分の2のところ（力の作用点）にかかるとみなせる。

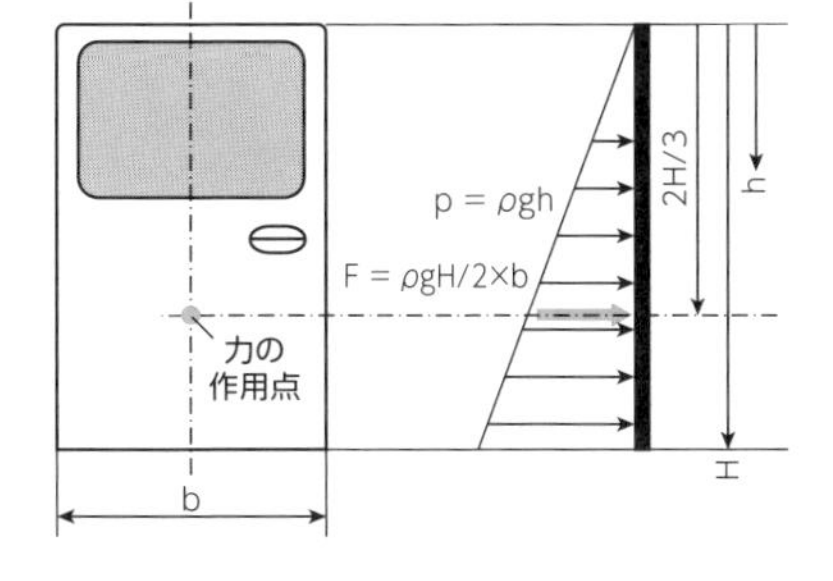

記号の説明
p=ρgh：静水圧　ρgh：水圧　F：力　H：水深　b：幅

07 飛行機が飛べるのってどんな仕組みを使ってるんだろう？

たいていの人は、ふつうの飛行機には中程と後ろに翼があり、その翼は、主翼、水平尾翼、垂直尾翼だと知っています（**図1**）。ですが、その役割についてはどうでしょう。

主翼は、機体を空中に持ち上げる力（揚力）を生むための装置です。主翼後縁の外側に「エルロン」という補助翼が付いています。**エルロンは、機体のローリング（横揺れ）を安定**させます。**水平尾翼は、ピッチング（縦揺れ）を安定させる**ためで、垂直尾翼は、ヨーイング（上下軸中心の回転）を安定させるものです（**図2**）。

安定した飛行に重要なのは、重心を支点にヤジロベエと見立てて重量の静的バランスがとれていること、飛行中の揚力の発生による重心回りの動的バランス（**図①②**）がとれていることです。

①では、揚力が重心より前にかかっています。このままだと機首を持ち上げるように時計方向に回転してしまう。そこで、それを打ち消すのに水平尾翼で上向きの力が発生するようにします。

②では、揚力が重心より後ろにあるため機体が頭を下げるように回転します。それを打ち消すのに水平尾翼で下向きの力を発生させ、水平を保つようにします。

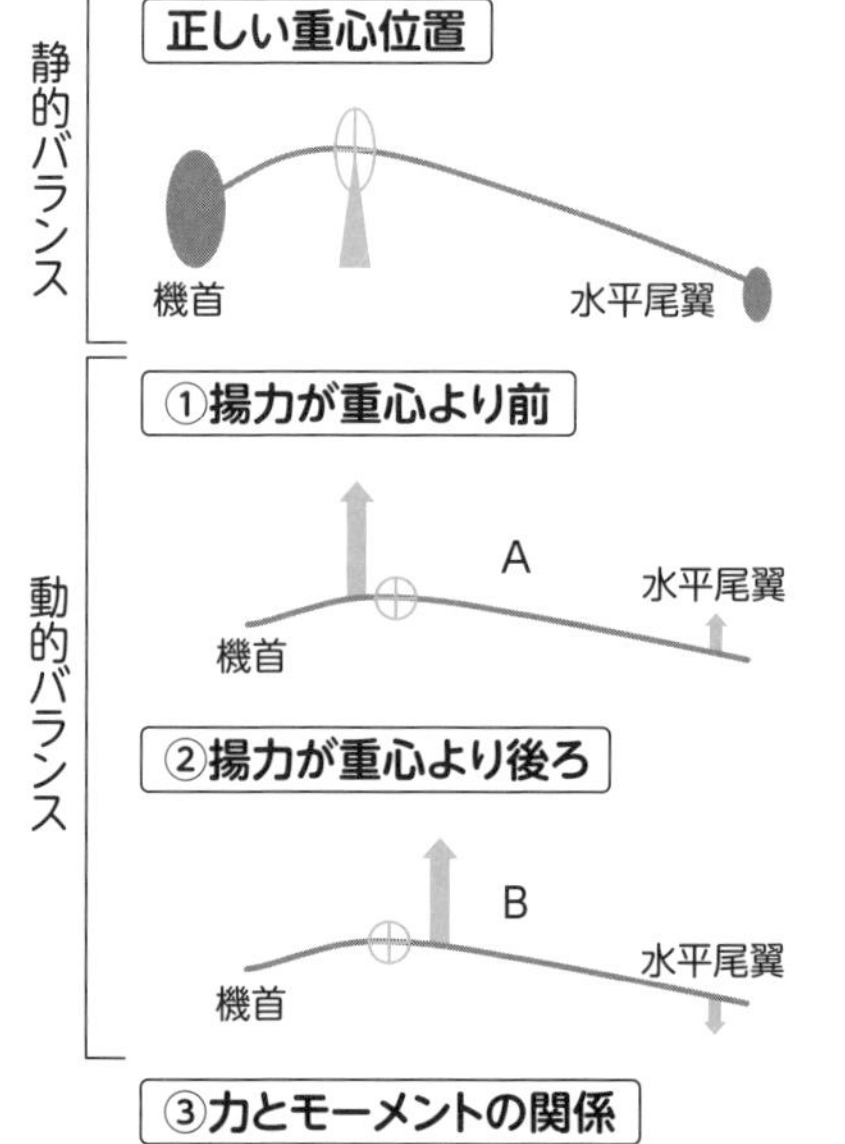

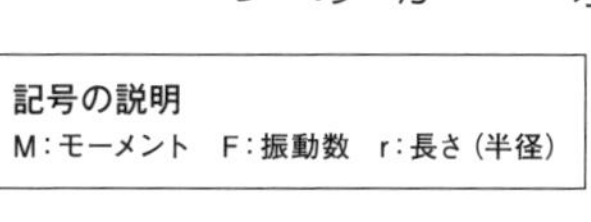

このように**主翼で発生させる揚力と、揚力が作用する位置（空力中心）と重心の位置関係で水平尾翼が発生させる垂直方向の力の向きが変わり**ます。これは設計時に決めることです。

また、**飛行中でこうしたバランスを崩したときに備え、微調整できるように水平尾翼にはエレベーターと呼ばれる補助翼が付いて**います。**垂直尾翼はヨーイングが起こったときに回転を止めるための板**です。これには、**どっちの方向の回転にも対応できるようにラダーという方向舵が付いて**います。飛行機は、こうした翼によって飛行中の安定を計るわけです。

主翼によって発生させる揚力は、翼上面を流れる空気を下向きに流すよう上に凸になる曲線になっています。それは、翼上面に発生する低圧力が向心力となって流れを下向きに曲げるためで、この**低圧×翼面積が反力としての上向きの力**となります。これが**揚力**です。

図1　ジェット飛行機の外面と各部分の名称

図2　ローリング、ピッチング、ヨーイングの回転方向

08

ジェットエンジンはどんな仕組みで**推力を出す**んだろう？

飛行機の**プロペラ**、**ジェットエンジン**、**どちらも原理的には、前方から入った流れを加速させて後方に押し出す（噴射）ことによって推進力を得ます**。推進力T_aは、噴射速度v_jと飛行速度v_aを用いて、$T_a = m(v_j - v_a)$で表されます。ここでのmは、流れの質量流量（1秒間に流れる気体の質量［kg／s］）です。

プロペラの場合の気体は空気（図1）で、ジェットエンジンの場合は燃料の燃焼ガスと空気の混合気体です。**エンジンの動力でどのくらい気体の運動量（質量×速度）を大きくできるかが推力の大きさに影響**します。

ジェットエンジンは、**図2**のように圧縮機、燃焼室、タービンで構成されていて、**「ガスタービンエンジン」**といいます。これで仕事を得るには、ブレイトンサイクル（熱力学サイクルの1つ）が基本です。

熱効率は、タービン入口における圧力比（入口圧力／出口圧力）が大きいほど効率がよくなります。タービン出口圧力は大気圧なので、タービン入口圧力を上げることで効率はアップします。そのため圧縮機によって圧力を高めることと燃焼温度を上げることでタービン入口圧力が上がるのです。また、上空に飛んでいくと大気圧が下がるために効率が上がり、燃費効率も高まります**（図3）**。

圧縮機の役割には、圧力を高めるということ以外に、大量の空気を吸い込んでギュッと圧縮し、質量流量を増やす役割もあります。そうして**燃焼器で燃焼ガスが高温になると気体は膨張していき、狭い噴射口から噴出することでv_jは速くなります**。このことも推力を増すことにつながるわけです。

図1 プロペラの空気の流れ

プロペラ面積A、飛行速度V、プロペラによって加速された空気の質量流量m、プロペラによる加速された流速v、空気密度ρとする。推進力T=mvと表せ、プロペラの推進効率ηは

$$\eta = \frac{1}{1+\frac{v}{2V}}$$ となる。

効率を上げるためにはプロペラによる吹き出し速度vを小さくすることだが、そうすると質量流量m=ρAvが小さくなって推進力T=mvも小さくなるため、推進力アップには質量流量mを大きくする必要がある。質量流量m=ρAvなので、vを小さくしてプロペラ径を大きくし、プロペラ断面積を大きくする必要がある。

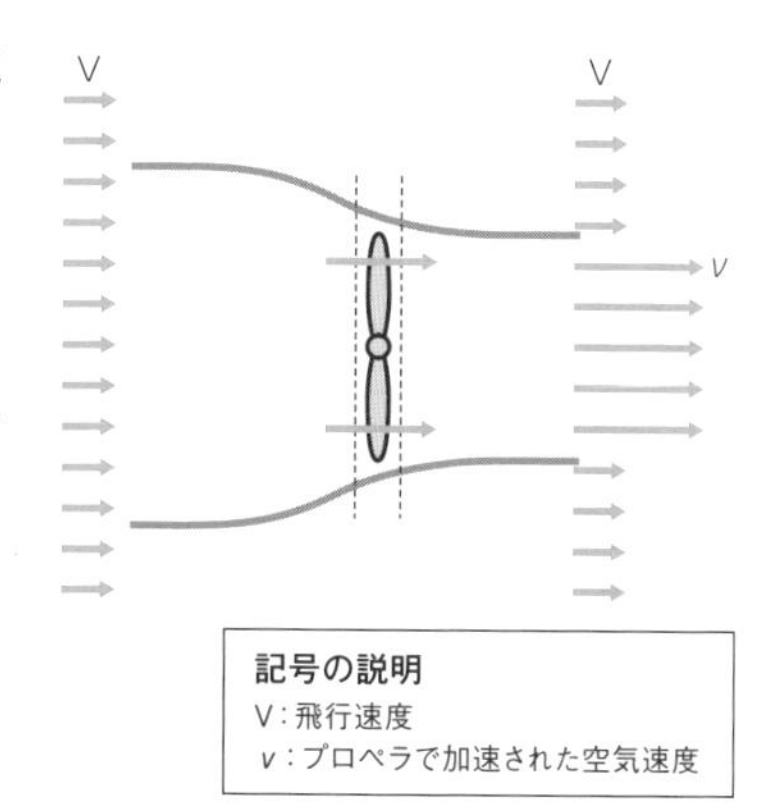

図2 ジェットエンジンの動作原理

図2は、ジェットエンジンの作動基本サイクルであるブライトンサイクルを使っている。圧縮機で高めた圧力と排気の圧力（大気圧）の比が大きいほど熱効率は大きくなる。したがって、上空では大気圧が低いため効率はアップする。

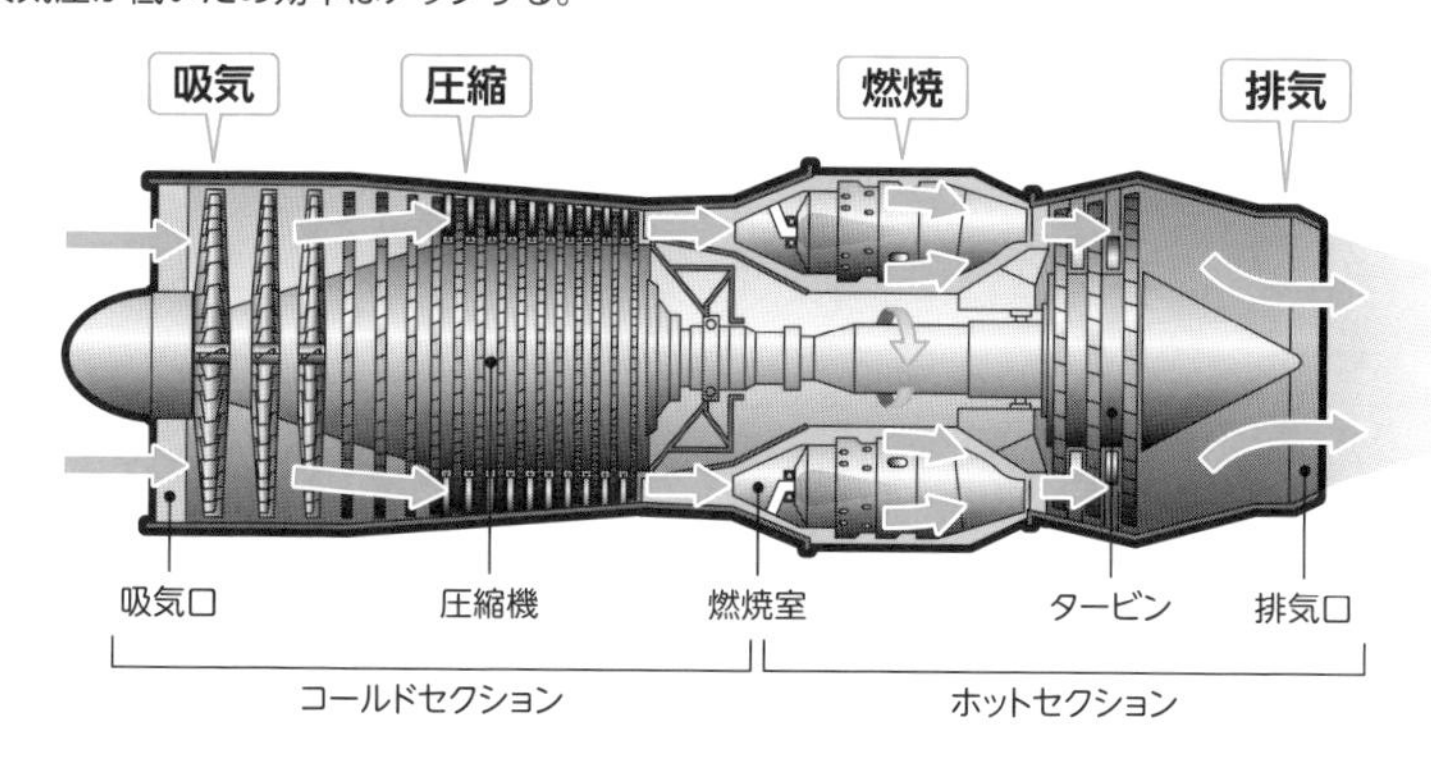

図3 ブレイトンサイクル

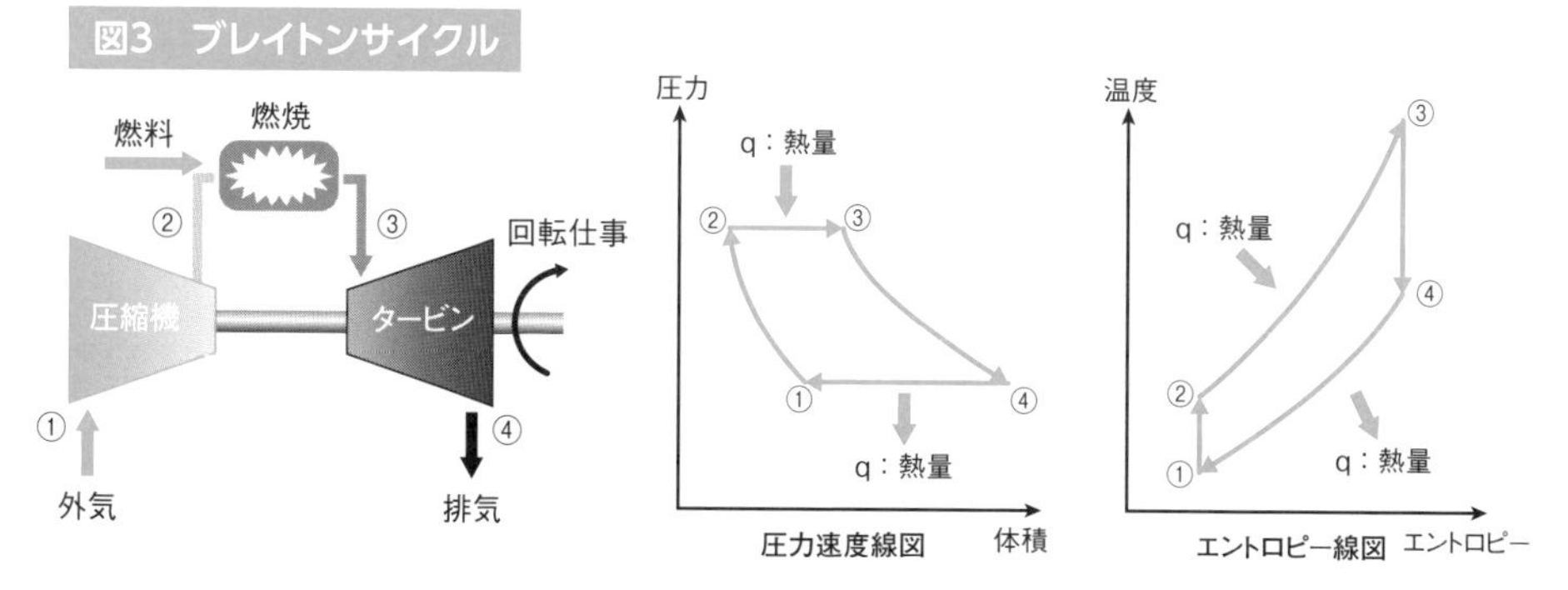

09 ドローンってどんな仕組みで空を飛ぶんだろう

「ドローン」の名前の由来を知っていますか？由来には2説あります。1つは雄蜂の羽音「ブーン」という音。もう1つは第二次世界大戦時のイギリス軍射撃訓練用標的飛行機「クイーン・ビー」からきているという説。クイーン・ビーは女王蜂の意。英語の「Drone」は雄蜂の意味があるそうですから、どちらにしろ蜂の羽音からの連想のようです。

そんな蜂の羽音に似た音は、プロペラの回転で発生します。**ドローンは、プロペラで起こした風を下に吹き付け、その反動力で自重を支え**て飛びます。ヘリコプターと同じです。

プロペラの推進効率η（イータ）は、プロペラで起こす風の速度をv、ドローンの（上昇）速度をv_dとすると、次のように表されます。

$$\eta=\frac{1}{1+\frac{v}{v_d}}$$

これより、推進効率ηを高くするには、プロペラでつくる風の速度vを、できるだけ小さくしなければなりません。たとえば、プロペラで押し出す空気流量をmとすると、次式で与えられる推進力$T_p=mv$は小さくなって、そのぶんだけ空気流量mを増やす必要が出てきます。プロペラの半径をrとすると、プロペラの面積Aはπr^2ですから、空気流量は$\rho Av=\pi r^2 v$となります。すなわち、プロペラ半径の大きなものを選ぶ必要があるわけです。吹き出し速度vを下げるには、プロペラ回転数を下げればいいので、なるべく径の大きなプロペラを、ゆっくり回転させることが重要となります。

4つのプロペラを持つドローンで考えてみま

しょう。**プロペラの回転方向は、その反力で機体が自転しないように設定**されます（**図1**）。**プロペラの推力（回転数で制御）を同時に大きくしたり小さくしたりすると上昇・下降ができ**ます。**ドローン重量と釣り合う推力であれば、その場で静止させることもでき**ます（**図2**）。

前進は、4つの推力バランスを保ったまま後ろの2つの推力を上げ、前2つの推力を下げることで前方に機体を傾けます（**ピッチング回転**）。後進はその逆です。

左に並進移動するときは、推力バランスを保ったまま右2つのプロペラの推力を上げて左方向に傾け（**ローリング回転**）、右方向への移動ではその逆に傾けます。

ヨー回転（**ヨーイング回転**）は、推力バランスを保ったまま同じ回転方向の2つのプロペラの回転数を上げ、逆方向回転のプロペラの回転数を下げます。そうすることで、プロペラ回転の反トルクを使い、その場でヨー回転させられます。たとえば、上から見た状態で半時計方向（CCW）にヨー回転させたければ、時計方向回転（CW）のプロペラ回転数を上げることでコントロールできるわけです。

ドローンにはいろいろな使い方がありますが、高所から俯瞰して自然の雄大さを写す映像は感動すら呼ぶものですね。

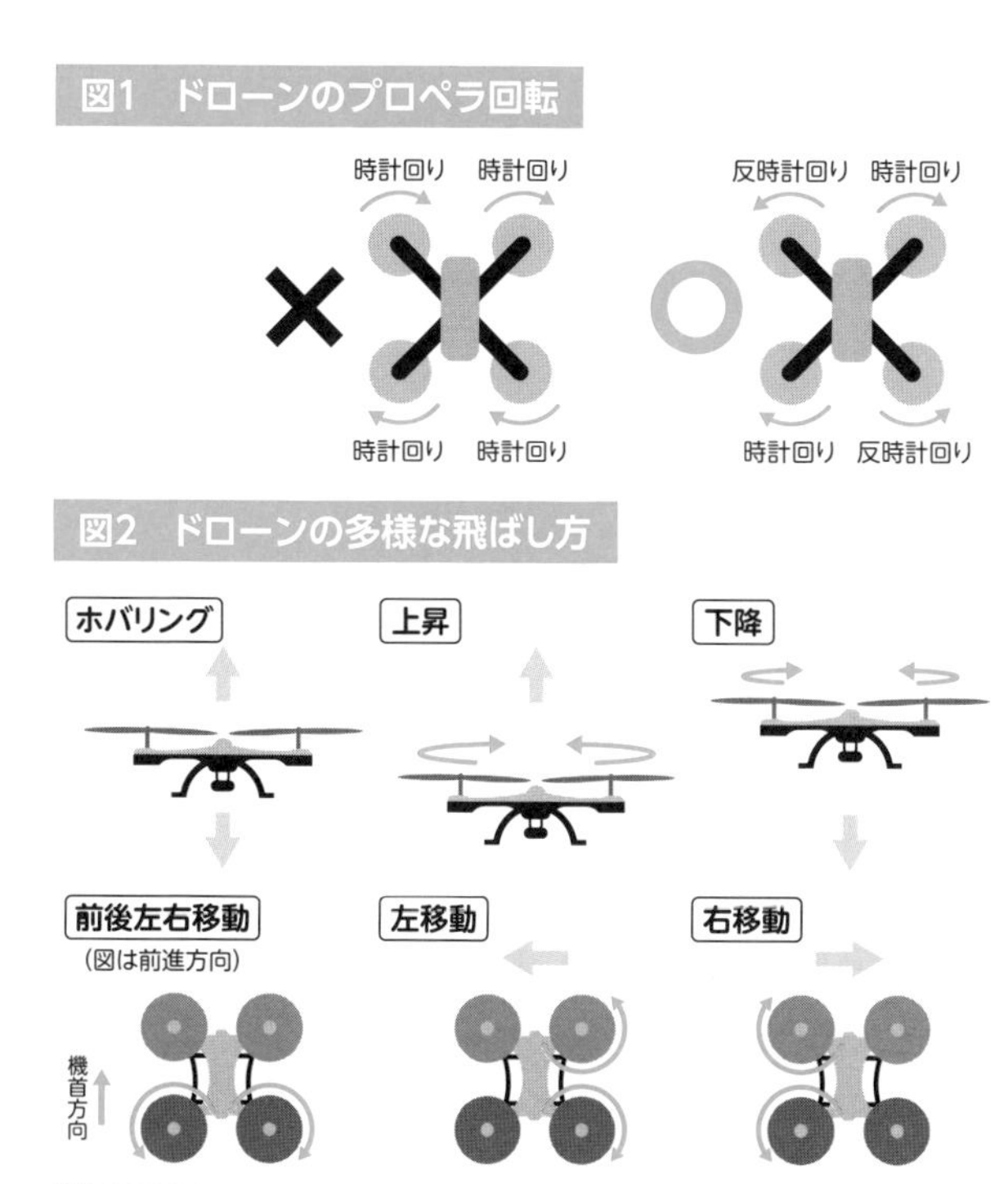

資料：TEAD HP　https://www.tead.co.jp/blog

10 ヨットや帆船が逆風でも進めるのってどうしてなんだろう?

ヨットは帆で風の力を得て推進します。**風の力をキャッチするには、風から受ける抵抗力を使うやり方と揚力を使うやり方**があります**（図1）**。**抵抗力は風の中に置かれた物体がその形に依存して受ける力**です。その**力の大きさは、風から物体を見たときの面積と風速の2乗に比例**します。また、物体の形状によって抵抗係数のCD値（空気抵抗係数）が与えられています。この値は後方からくる風を帆で受けて、その力を推進力にする帆船で使われます。

ディンギーヨット（スループリグ）には、図2のように揚力（風の方向に対して直角方向の力）を利用する三角の帆（ジブセール）、三角型の主になる帆（メインセール）が付いています。また、抵抗力を利用する帆（スピンネーカー）がついているものもあります。**抗力は帆の前後で流れが剥離することによる圧力差に起因**します。

メインセールは航空機の翼と同じように凸にカーブした形をしています。気流を凸表面に沿ってカーブさせることで、**向心力（物体を曲線軌道に進めるための力）**となる負圧を帆凸面側に発生させます。これが流れの方向に対して**直角方向に作用する力の揚力（＝負圧×帆面積）**となるわけです。

気流はメインセールの表面に常に沿っているように、風への向きを常に調節する必要があります**（図3）**。メインセールに流れる気流が剥がれないように、**運動エネルギーを注入する役割がジブセール**です。これらの帆を使うと、風上側へヨットを進めることができます。

帆に横風が吹きつけると、たとえ翼型のメインセールでも流れが剥離し、横風の方向に抗力を

受けてヨットが傾き、転覆する恐れがあります。

転覆防止にはヨットの底に重りとなるバラスト・キールを取り付けます。キールは対称翼型の板なのでヨットの前進方向に対して抵抗は小さいものです。船体が傾くと剥離して抵抗を発生させると同時に、横転と反対方向のモーメントを発生させて横転しにくくする役割も持っています。そのためにセンターボードともいうのです。

図1 風の抵抗を受けた進み方と揚力を使う進み方

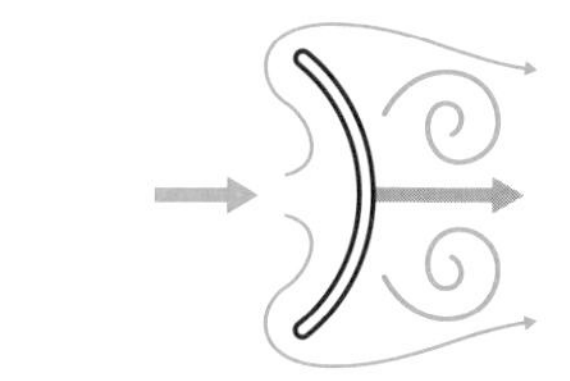

抵抗力は流れの剥離

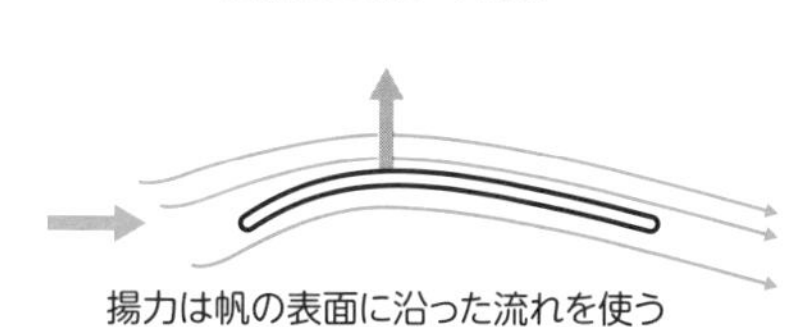

揚力は帆の表面に沿った流れを使う

図2 ディンギーヨットの艤装

①マスト
②メインセール
③ジブセール（ヘッドセール）
④スピネーカー
⑤スピンポール（スピネーカーポール）
⑥アフターガイ
⑦フォアステー
⑧サイドステー
⑨トッピングリフト
⑩トラピーズ装置
⑪コンパス（注文装備）
⑫センターボード（バラスト・キール）
⑬ジブシート
⑭フットベルト
⑮ラダー
⑯ティラー
⑰メインシート
⑱ブーム

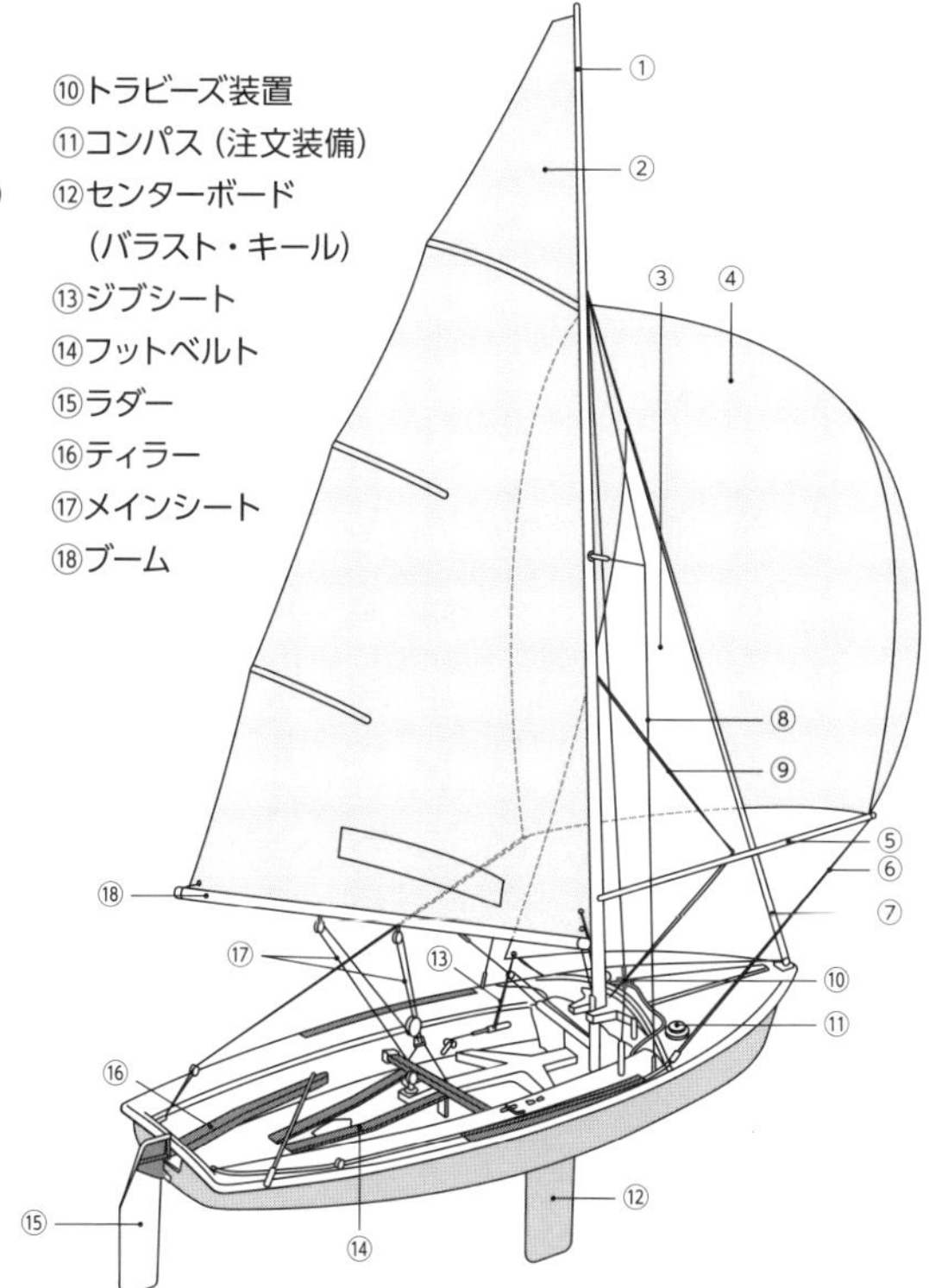

図3 風向きでの帆の操作

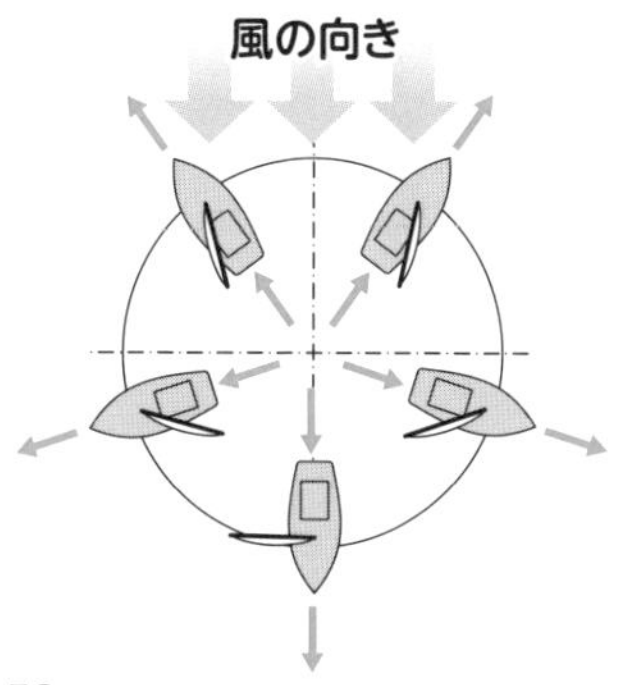

11 自転車が倒れずに走れるのってどうしてなんだろう？

自転車用の細いタイヤを、**図1**の左図のように地面に立てて置いてみてください。すぐに倒れますね。右図のように自動車用の太いタイヤはどうでしょうか。倒れません。

細いタイヤは、重心から引いた垂線が接地点と重なっているため、傾くと接地点から外れてしまい、どんどん傾いていくのです。**太いタイヤなら、仮に左に傾いても重心から引いた垂線が接地点の内側であれば、元に戻るモーメントが働いて復元**します。勢い余って反対側に傾いても逆方向のモーメントが元に戻してくれるのです。つまり、復元力が働いて太いタイヤは安定するわけです。**倒れる場合は、図2に示すように、重心の垂線が接地点の外側になったとき**です。

でも、細いタイヤでも倒れないようにすることができます。**「倒立振子の原理」**を使うのです。**倒れる方向に重心が移動したとき、支点をその方向に加速的に動かすこと**です。そうすれば、重心には倒れる方向と逆方向に慣性力がかかります。こうした重心移動でバランスが保たれ、立ったままの状態が保持できるのです。要するに、倒れかかったら、その方向に支点を加速運動させればよい、ということです。

実際の**自転車では、ハンドルを倒れる方向に切ることで倒立振子と同じように立った状態を維持**します。自転車が低速でも停止していても、ハンドルを左右に小刻みに動かすことで立っていられます。

次に、細いタイヤ1輪を転がしてみましょう。転がるスピードがある限り倒れません。これは高速で回転する独楽（こま）が倒れないとの法則**「ジャイロ効果」**と同じで、回転軸を一定に保つ働きがある

ためです。自転車を走行中にハンドルから手を放しても倒れずに進めるのは、このジャイロ効果があるためですね。

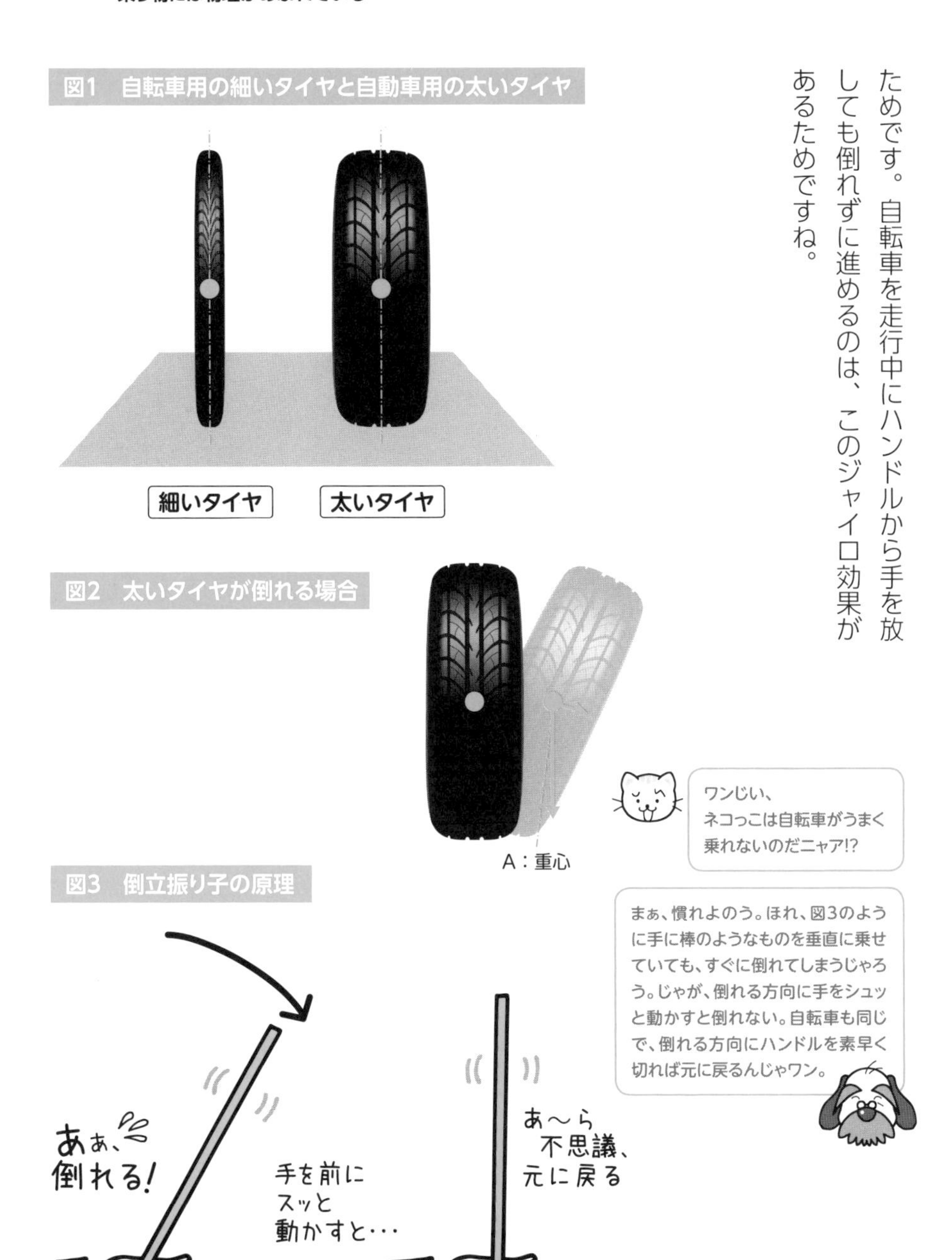

12 ジェットコースターの仕組みってどうなってるんだろう?

ジェットコースターは、人が乗るライドを高所に持ち上げて、**「位置エネルギー」**を与えます。**位置エネルギーは重さ×高さ**で表されます。高いところからは、物が自然に落ちていきます。落ちると、高さが減ったぶんの位置エネルギーは、**「運動エネルギー」**へと変化します。**運動エネルギーは、(1/2)×質量×速度の2乗で表されます。「エネルギー保存則」から、はじめに持っていたエネルギーは、低くなった位置の位置エネルギー+運動エネルギー+摩擦などによる「熱エネルギー」(損失という)に分配**されます。**摩擦は車輪とレールの間の転がり抵抗**です。また、**空気との間では形状抵抗と空気摩擦抵抗が損失**となります。

ループを回るときに、ライドがいちばん上に来ても落ちないのは、遠心力と重量が釣り合うためです。釣り合うための速度条件は、ライドの質量に関係なく、

$$v = \sqrt{rg}$$

で表されます。

たとえば、ループ半径r=15mとすると、重力加速度は$g = 9.8m/s^2$ですから、これを速度条件の上の式に代入すると、ループの最高点で速度v=12.0m/sとなります。時速に換算すると44km/hです。

ただし、最下点でループに入るときには、ループの高さ30mの位置エネルギーを稼ぐ分の運動エネルギーが必要なので、

$$v_i = \sqrt{2gh}$$

だけスピードアップする必要があります。ループ半径はr=15mなので、h=2r=30mを代入

すると、$v_i = 24.2\text{m/s}$となり、時速約87km/hと計算できます。それに先ほどのループ最高点での速度を加えると、131km/hでループに入る必要があるということです。

それにしても、ジェットコースターフリークは、スキーのダウンヒルレースに匹敵するスピードをまともに受けるのはすごいことですね。

ジェットコースターに乗りたいな。
でも小さいから乗せてくれないのニャア。
ひどーい!

そりゃ残念じゃが、小さいと座席からスポッと落ちてしまうかもしれんからのう。まぁ、遊園地によるが、身長が110㎝以下では乗れないとか、抱っこされて乗るんなら4歳以上が大丈夫で、1人で乗るには小学校3年生からという遊園地もあるようだのう。ネコっこは小学1年じゃから、もう少し大きくなるまで待つしかないのじゃワン。

つまんないニャア。
だけど、ワンじいはおジジだけど、
年寄りには制限がないの?

うーむ、それがあるんじゃ。65歳以上の年寄りは乗車禁止だという遊園地が多いのだ。わしは75歳の後期高齢者じゃからのう、乗れんワン。

遠心力と速度

遠心力Fは、ループの半径をrとして、
質量mのライドが速度vで頂点に達するとき、次のように表される。

$$F = \frac{mv^2}{r}$$

これが重さmgと釣り合うわけなので、速度vは、

$$\frac{mv^2}{r} = mg$$

から、次のように表される

$$v = \sqrt{rg}$$

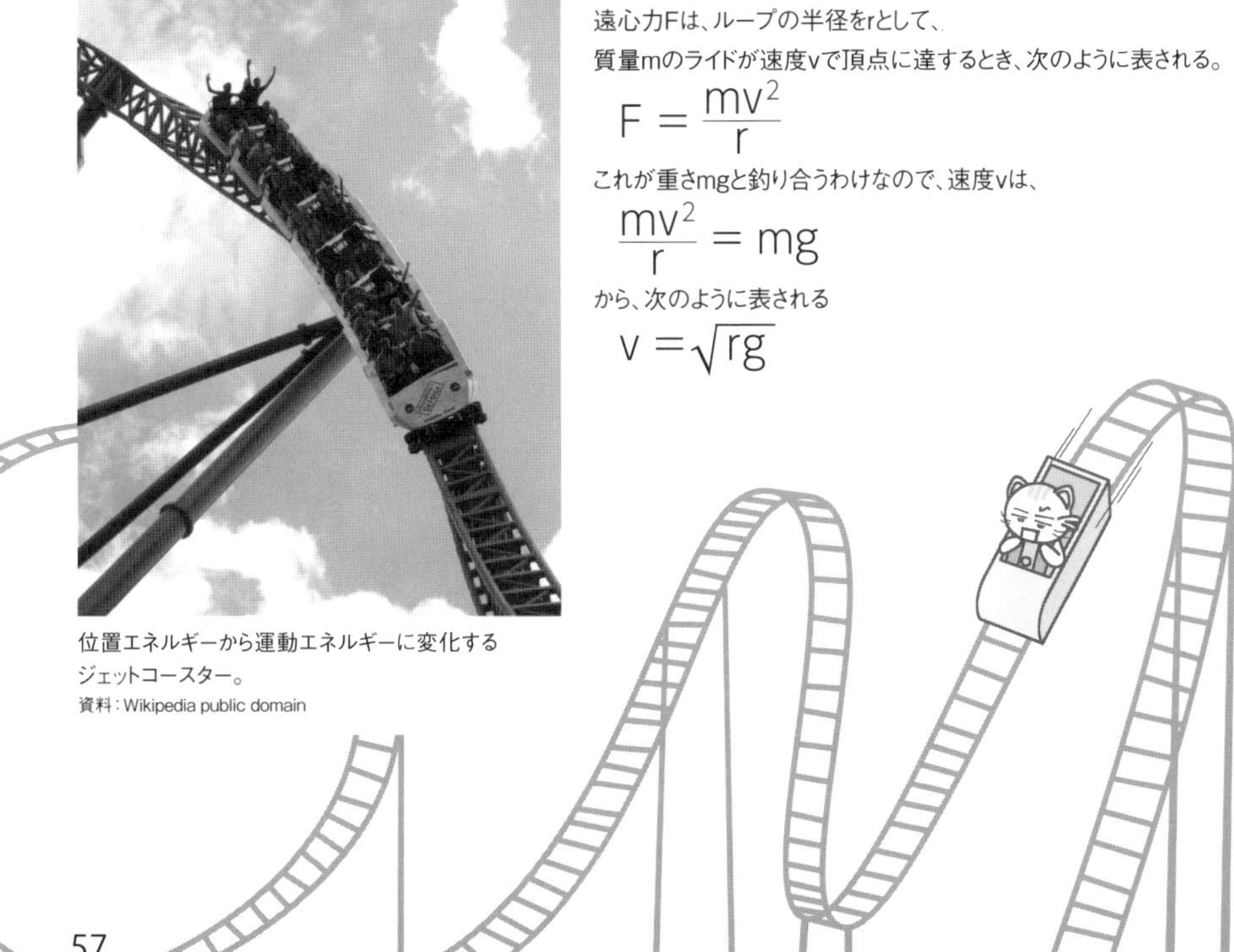

位置エネルギーから運動エネルギーに変化するジェットコースター。
資料：Wikipedia public domain

フラクタル図形とはいったいなんだろう？

自然界を見ると、1つの単純な要素が形を変えずに大きさだけを変えて規則的につながり（自己相似形）、全体として複雑な形を形成しています。たとえば、木の形で、枝の要素の基本形状をY字にして分岐部分に縮小したY字の幹を枝に重ねます。次々とそれを繰り返していくと、木のように複雑な図形ができます。これを「フラクタル図形」といいます。カリフラワーの一種の「ロマネスコ」にもフラクタル性が見られます。このような形は、リアス式海岸の海岸線、山の稜線、雲の形、川の分岐、稲妻、血管網、肺胞、ヒトゲノム、銀河などでも見られます。

空間の広がりの度合いを表す指標として、線は1次元、面は2次元、立体は3次元と定義づけされます。ところが、Y字の要素で描いた木のフラクタル図は、線とも面ともいいがたい図形です。

実は、これを分割数で表す縮小率と要素の数で定義されるフラクタル次元によって、その木の図形の次元を表すと、1.5次元などのように整数ではなく実数となります。1.5次元というのは、1次元よりは複雑な線分で面のように広がりを持っているけれど2次元とはいい切れない、といったものを表します。簡単にいえば1次元と2次元の中間的な図形ということになります。葉っぱの表面のフラクタル次元Dは2＜D＜3の値となり、表面は2次元の平面より複雑性が高いことが知られています。仮に、表面の材質が撥水性なら、フラクタル次元が高いほど超撥水になるようです。

フラクタル性と関連して「フィボナッチ数列」「黄金比」といった数学の概念が自然の形の形成にかかわっています。PRGなどのゲームの風景、雲や植物の葉っぱの並びなどもフラクタル手法を使って数学的に描いたものです。

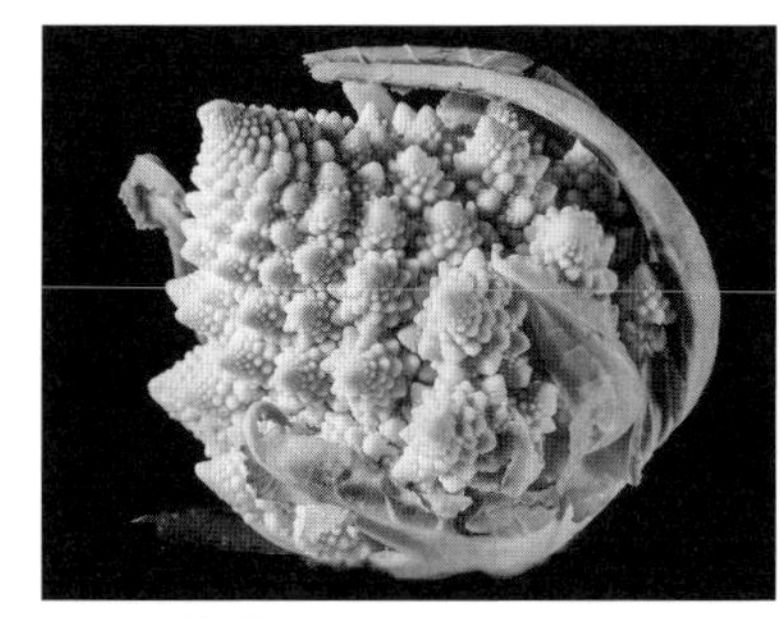

フラクタル性を持つロマネスコ
資料：Wikipedia public domain

PART3

運動には物理があふれている

01

動物はどうして体を動かすことができるんだろう？

動物は、時に信じられないような体の動きを見せることがあります。その秘密に迫るために、ちょっと調べることにしましょう。

さて、初歩からですが、生物は**「脊椎動物」**と**「無脊椎動物」**に大きく分けられます。**脊椎動物というのは、魚類、両性類、爬虫類、鳥類、哺乳類**です。これらは**体内に形成される背骨を中心とする骨格と、そこに付いている筋肉によって運動**します。

無脊椎動物は、ウニを代表とする棘皮動物、昆虫・エビ・クモ・ムカデなどの節足動物、イカ・貝などの軟体動物、ミミズを代表とする環形動物、回虫などの線形動物です。これらを大きく分けると、体を覆う硬い殻（外骨格）を持つ節足動物、甲殻類、昆虫、多足類と、柔らかい体そのものである軟体動物のイカ、タコ、ナメクジ、クラゲに分けられます。

脊椎動物と外骨格を持つ動物の運動は、骨または外骨格とそれに付いた筋肉によって決まります。基本的運動は**図1**に示すように、骨のリンク機構とそれに付いた筋肉の収縮です。**筋肉の収縮は、筋繊維を構成するアクチン・ミオシンタンパク質のフィラメント**によります。

神経細胞から指令を受けて筋原線維周辺にある筋小胞体からカルシウムイオンCa^{2+}が放出され、アクチンとミオシン頭部の結合を促します。ミオシンとの結合数が増えていくと、アクチンを引き寄せるために、3・7㎛（マイクロメートル）の長さの筋原繊維が、およそ1・4㎛収縮します。縮み率は38%です。このとき、Z板間に入っているタイチンは、バネの働きをするタンパク質が縮んでエネルギーを蓄えます。筋原繊維が元の長さに戻る（弛緩する）とき、このバネの力で戻ります。

弛緩には、筋小胞体がCa^{2+}（カルシウム）回収し、アクチン・ミオシンの結合を開放します。イオンチャンネルの開閉やミオシンのアクチンを引っ張る力のエネルギー源は、筋細胞内のミトコンドリアによってつくられるATP（アデノシン3リン酸）です。ATPが加水分解によりADP（アデノシン2リン酸）と、リン酸基に変化するとき放出するエネルギー31kJ/molがエネルギー源となります。

骨もしくは外骨格に付いた筋肉によって引き起こされる運動は、**「てこの原理」**を用いて骨で構成されるリンク機構の運動となります。

軟体動物では、ミミズを例にとると、体節ごとに細かなスパイク状の剛毛が後方向きに生(は)えており、これが接地面に引っかかる。それを起点として体の蠕動(ぜんどう)運動で進むことができるわけです**（図2）**。そして、体節の蠕動は、筋肉によって行なわれます。

図1　脊椎動物などの基本的運動

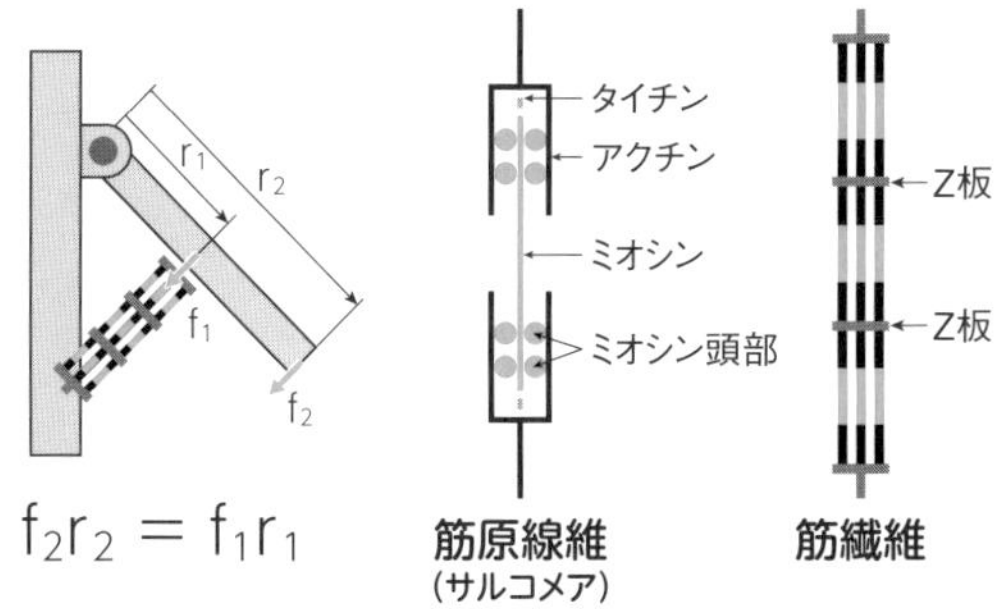

$$f_2 r_2 = f_1 r_1$$

脊椎動物の基本的な運動は、骨のリンク機構とそれに付いた筋肉の収縮。筋肉の収縮は、筋繊維を構成するアクチン・ミオシンタンパク質のフィラメントによる。筋肉は骨につながり（リンク機構）、てこの原理で骨を動かす。筋肉の筋繊維は、筋原繊維が束となってできており、その束がZ板を介してつながっている。また、筋原線維は、アクチン・ミオシンのスライドできるタンパク質で構成されている。

記号の説明
r：長さ　f：力（N）

図2　ミミズの蠕動運動

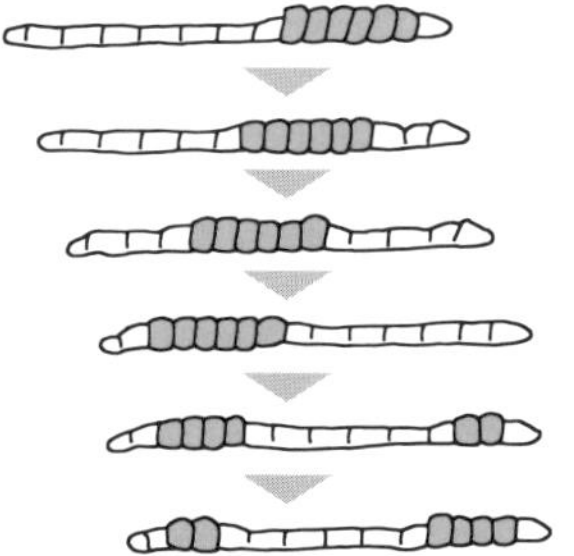

ミミズは体に多くの線が入っているが、その1つひとつがスパイク状の剛毛が生えている体節。剛毛を地面に引っ掛けて蠕動運動で前進するが後進はできない。ミミズの頭はちょっと変わった節目（環帯）だが、環帯がはっきりしない種類もいるため、前進している先のほうを頭と見分ける。

ミミズって、どっちが前でどっちが後ろかわからんニャ。で、どうやって前に進むのかニャア。

02 速い走り方に厚底シューズはどんな役割をするんだろう？

人は速く走れることに憧れます。足の速い子は、学校でヒーローになりますね。では、少しでも速く走るためには何か秘訣があるのか、速く走るためのランニングシューズはどんな仕組みなのか探ってみましょう。

速く走るための物理学

●走行計画を立てる

右足で地面を蹴ってから左足で着地したとき、蹴ったときの右足のつま先から着地した左足のつま先までを「1歩」と数えます。そして、それにかかる時間、1歩当たりの時間ですね、これを**「1ピッチ［s／歩］」**といいます。また、1歩で進む距離が**「歩幅（ストライド）」**です。

走行距離は、歩数に歩幅を掛ければ求められ、スタート後の時間は、歩数にピッチを掛ければいいのです。

仮に歩幅2mで50歩走ったなら、走行距離は100mです。反対に100mを歩幅2mで走れば、歩数は50歩となります。1ピッチ0・2秒／歩掛かれば、50歩×0・2秒／歩＝10秒ですね。

長距離を走るには、ピッチ走法（歩幅を小さくピッチを多くする走法）とストライド走法（歩幅を大きくとって歩数を少なくする走法）があります。同じ距離を走る場合、歩幅が小さければ歩数が増え、歩幅が大きければ歩数は少ない。これは当然ですね。

そうして長距離では、一定速度で長時間走るわけなので、空気抵抗をいかに少なくして体力を温存するかが決め手になるでしょう。

図1 つま先で地面を蹴るときの力の関係

①水平方向から測った角度でθ傾いた方向に、つま先で力Fにより地面を蹴る。そうすると「作用反作用の法則」で地面から足を通して体の重心に蹴った力と同じ大きさで、θの角度水平から傾いた方向に反作用力がかかる。その反作用力の水平方向成分（$F\cos\theta$）が推力。また、垂直成分（$F\sin\theta$）は体重を持ち上げる方向にかかる。蹴る力を傾けるのは、推進力を得る以外に体重も支える必要があるからだ。仮に真上に蹴るとしたら、$\theta=90°$なので$\cos 90°=0$となり、推進力は0で上方向にだけ力が作用する。その力が体重より大きな力であれば上にジャンプすることになる。
②踵が水平から測った角度θで斜めに着地したときの力の状況。①と同じく水平方向成分はブレーキの力Bになり、垂直方向成分は体重を支える方向に作用する。
③つま先で着地する状況。

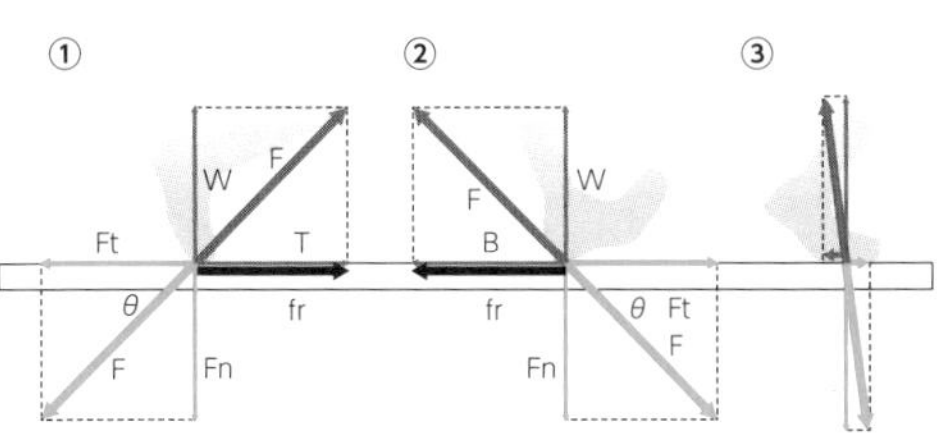

$$f_r = \mu F_n$$
$$F_t = T = F\cos\theta$$
$$F_n = W = F\sin\theta$$

$$F_t = B = F\cos\theta$$
$$F_n = W = F\sin\theta$$

$$\tan\theta \geq \frac{1}{\mu}$$

記号の説明
F：蹴る力（踵が地面を押す力）　W：体重　f_r：摩擦力
T：推進力　cos：コサイン　sin：サイン
tan：タンジェント　θ：角度　μ：摩擦係数　B：ブレーキ力

短距離を速く走るには、スタート時の加速をいかに短時間でトップスピードに持っていき、そのままトップスピードを維持してゴールまで走り切るかにかかっています。

トップスピードを維持するときに必要な力は、空気抵抗と同じ大きさの力によります。なので、短距離走で意識すべき力は、加速力。つまり、短距離走で速く走るには、加速計画を立てて取り組むことが重要となるわけです。

●足の置き方を意識する

効率のよい走りは、蹴った力をムダなく推進力に活かせること、重心が描く軌跡が地面に平行であることにかかっています。**地面を斜め方向に蹴る理由は、その力の垂直方向成分を体重と釣り合わせるため、水平成分を推進力とするため**です（図1）。**体重と釣り合う上向きの力は、重心位置を一定の高さに維持し、最短距離を移動する**ことで得られます。

ピョンピョン飛び跳ねるような走り方は、移動距離が長くなることに加え、最高点から落下する時間が余計にかかってしまう。こうした走り方は長距離では不利になるし、秒以下を争う短距離走でも、走り方のフォームは決定的な差をもたらす可能性があります（**図2**）。

体重を支えつつ推進力を大きくするには、これまで以上に大きな力によって角度を付け、地面を蹴らなければなりません。ただし、水平方向の力が最大静止摩擦力を越えると、滑ってしまう。そこは最大限に注意するところです。

通常のトラックや地面との摩擦係数μ（物理記号でミュー）は、0・3程度です。走っているときの摩擦力は、0・3×体重となるので、60kgfの人が出せる最大の推進力は、0.3×60=18kgf=180Nになります。推進力を大きくするには、体重を増やすほか摩擦係数の大きなシューズを履くことが必要となります。

蹴る力を最大限に推進力に変換するには、摩擦係数μ＝0・3とすると、水平面に対して73°で地面を蹴らなければなりません。また、地面に足を着地するとき、進行方向に対して斜め前方方向に踵（かかと）から着地するとブレーキになります。足を着くたびにブレーキがかかるのでは速く走るのなどおぼつきません。**速く走るための足の運びは、つま先で水平面に対する角度をなるべく大きくするように（可能なら垂直か、逆に後方側に傾けて）着地することが求められる**のです（**図1**）。

図3　底が丸いシューズの利点

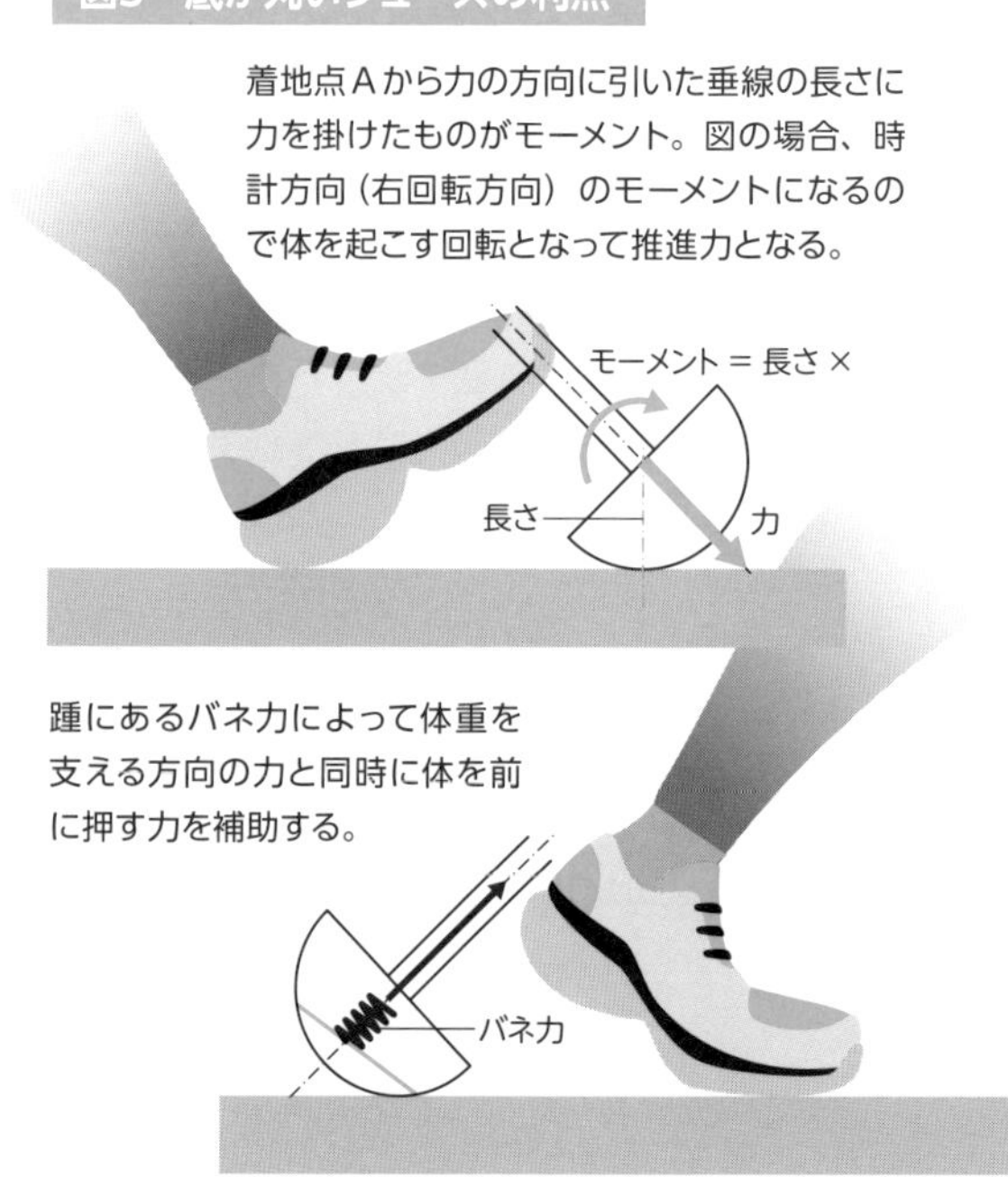

図2 速い走り方と効率の悪い跳ねるような走り方

右図は、重心の移動軌跡が地面と平行なため、走る距離が最短になる走り方。下図は、飛び跳ねるような走り方のため、結果的に走る距離が長くなり、1歩1歩に落下する時間がかかって効率の悪い走り方。

距離は長くなる

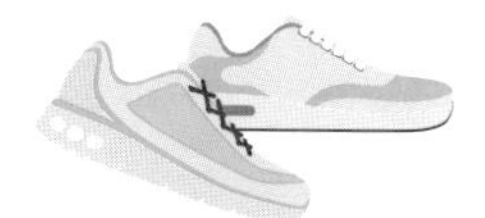

走りが速くなるランニングシューズ

次に長距離ランナーが速く走るためにサポートする厚底シューズについて考えてみましょう。

ランニングシューズの開発は、速く走るために蹴る力を最大限活かすことが目的となります。キーワードは、①推進力補強、②摩擦力増大、③ブレーキ力低減です。

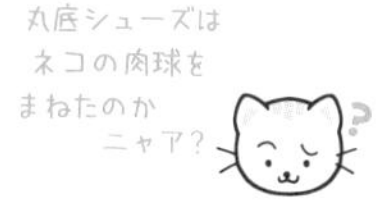

1 推進力補強

推進力の増大にはランナーのキック力の上昇が必須ですが、それをさらにサポートするシューズを、どう開発すればよいかということになります。

まず、図3のようにシューズの丸い底が着地するとどうなるのかを考えてみます。踵側の丸い底が先に着地すると、着地点から力の作用点まで距離があるため、着地点周りに回転力（モーメント）が働きます。この回転方向は、選手を前進させる方向となるので推進力となります。底が丸いと着地したときにブレーキとはならず、逆に推進力に転化できるわけです。

また、ソール部分にバネ板を入れることも画期的です。体重で変形したバネが、その変形量に比例したバネ力を足首方向に返すからです。そのため、摩擦力をアップさせずに推進力を増大させられる、という利点が生じるのです。

2 摩擦力増大

摩擦力増大は、筋力アップで強くなった推進力で足が滑らないようにするために必須です。短距離では加速する際に大きな推進力を必要とするため、靴底に摩擦係数の大きな素材を使うか摩擦係数の増大に代替するスパイクを装着するかのどちらかです。摩擦係数はシューズの底の素材とトラックの合成ゴム（タータン、ポリウレタン）、アスファルト路面、芝面などの組み合わせによって異なるので、注意して選択してください。

3 ブレーキ力低減

ブレーキ力の低減ですが、丸底を用いて、①で示したように着地するときの角度を垂直にするか、前進方向に傾けた角度にできるデザインが求められます。そうしたシューズであれば、ブレーキ力を減らしつつ推進力に変えられるわけです。

長距離やマラソンなどで使用されるようになった厚底シューズは、こうした物理的にすぐれた開発になっているのです。

03 速く泳ぐにはどんな泳ぎ方をすればいいんだろう？

速く泳ぎたい！　これもスイマーの熱い願望です。でも、願いだけでは速く泳げません。そこには冷厳な物理が働いているのです。

さて、水泳競技は、飛び込みで初速が決まり、あとは掛かってくる抵抗に釣り合う力を出し、一定速度を保ってゴールするものです。作戦としては陸上の100m走と同じと考えればいいでしょう。

2022年8月13日、ローマ開催の欧州選手権男子100m自由形で、ルーマニアのポポビチ選手(17歳)が達成した世界新記録は46・86秒でした。秒速2・134m／s、時速換算では7・682㎞／hということになります。歩く速さの約2倍の速度です。ちなみに、13年ぶりに世界記録を0・5秒縮めたことになるそうです。

この速度で泳ぐために必要な力は、抵抗と釣り合うだけの力です。水泳選手にかかる水による全抵抗100％の内訳は、**形に依存する形状抵抗50％、波を立てるための造波抵抗40％、水と体表面で起きる摩擦抵抗10％**となります。

それまでの世界記録は100mを47・36秒だったので、秒速は2・111m／sです。速度は0・023m／s速くなったことになります。人間の能力が同じと考えると、テクノロジーで全抵抗を2％下げたことになります。

これを実現するために、全抵抗の内訳のうち、どの抵抗を下げるのが工学的にやりやすいかということを考えてみましょう。

形状抵抗を2％減らして48％に下げるということは、人間の形状を流線形のようにして、水が体表面に沿って流れる必要があります。体後方の水が乱れずに流れなければなりませんが、バタ足を

泳ぎの達人イルカ

イルカはほとんど波を立てずに泳ぐことができる。
資料：ビギナーズHP
https://www.rere.jp/beginners/22939/

ネコが速く泳げないのは、なんでニャア?

体の形が違うからじゃ。スルッとした体がいいんじゃな。ほれ、イルカの体だの。イルカやクジラの祖先は偶蹄目のカバや牛の種類だったというが、海で生きていくために適応した姿になったんじゃな。ネコっこも海にズーっと入っていれば、イルカのようになれるかもしれんなぁ。そうなると名前はネルカになるかもしれんワン。

していい以上むずかしそうです。

体を頭の上から見たときの面積（投影面積）を2％減らす方法もありますが、やはり筋肉だらけの選手をさらに細身にするのは無理です。

では、摩擦抵抗を2％減らすことはどうでしょう。体表面の流れは乱流なので、摩擦抵抗を減らすには乱流の乱れを抑え込まなければなりません。これは工学的に非常にむずかしい。

最後に**造波抵抗ですが、起きる波の高さを3％減らすことなので、100㎜の波高を、97㎜にすればいい**という計算になります。これなら波をちょっとだけ抑えれば実現できそうです。頭や肩でつくる波、水をかく腕の入れ方と抜き方、バタ足がつくる波を極力起こさないようにする技術が求められますが、イルカの泳ぎが模範ですね。

04 ボールのスピードを上げるにはどうすればいいんだろう？

ユニコーンと称される大リーガーの大谷翔平投手や日本球界の佐々木朗希投手は、急速160㎞以上のスピードボールを投げます。

ある角速度ωで円運動する中心から長さrの点にあるボールの速度vは、v=rωで表されます。角速度は1秒間に何回転したかを表すものです。ただし、［°］ではなくrad（ラジアン）という角度単位を使います。180°がπradに相当します。

たとえば、1周が1秒だったと仮定します。1周は360°ですから2πradなので、角速度ωは2π／1秒=2π［rad/s］と表わされます。角速度は、実際には速度と同じなのですが、一方は角度を表しているためにそう呼ぶのです。半径1の円の円周は直径×πなので、2×1×πになりますね。この距離を1秒で進むので速度は2π［m／s］です。

さて、肩を中心に腕をrの長さにして角速度ωで回転させると、ボールはv［m／s］の速度で飛んでいきます。**式から、ボールの速度を上げるためには2通り考えられます。①腕の長さを長くする、②回転速度を上げる**です。

たとえば、ボールを140㎞／h（≒38.9m/s）で投げる投手が、160㎞／h（≒44.4m/s）にまでスピードをアップしたいとしましょう。腕の長さを60㎝（0・6m）とすると、140㎞／hでの角速度64.8rad/sが導かれます。つまり、度に換算すると1秒間に3713°（約10回転）となるのです。**この回転角速度で160㎞／hのボール速度を実現する端の腕の長さは0・69mなので、センチ換算では69㎝あればよい**ことになります。ということは、腕の長さを9㎝長くすればいいのですが、それは不可能。ですが、これを投げ方で達成することは不可能ではないかもしれません。指先でボールを押し出すようにすればいいのです。

反対に**腕の長さがそのままであれば、角速度を74.0rad/s（4240°/秒＝約12回転/秒）にしなければなりません。**達成は至難の技ですが、**腕振りの速度をアップするために、1秒間に12回転できるようにぐるぐると回す練習が必要となる**でしょう。

といっても、実際にボールを投げるときには腕だけではなく、全身を使いますね。そのため、**どこを中心に回転させるかで半径は異なってきます。腰回りを中心とすれば、回転角速度はもっと遅くする**こともできます。

また、**腕は上腕、前腕、掌の部位があるので、それぞれの回転角速度で動かし、全体的にスナップを利かせて角速度を上げるという方法**もあります。

図1で示しているのが上腕と前腕と仮定すれば、最終速度は$v=v_1+v_2=r_1\omega_1+r_2\omega_2$で表せます。このように回転の組み合わせによってボールの速度を速くできる可能性が、物理的にはあるのです。

図1　スピードボールを投げるには

①腕を棒のようにして長さr［m］とする。回転の角速度をω［rad/s］とすると、手から離れるボールの速度は$v=r\omega$［m/s］となる。

②腕と肘から先の2つの部分がそれぞれ異なる回転角速度で回るときと、腕と肘が真直ぐになってボールが離れるとき、その速度は腕と肘の速度の和となる。したがって、$v=v_1+v_2=r_1\omega_1+r_2\omega_2$［m/s］と計算式が立つ。

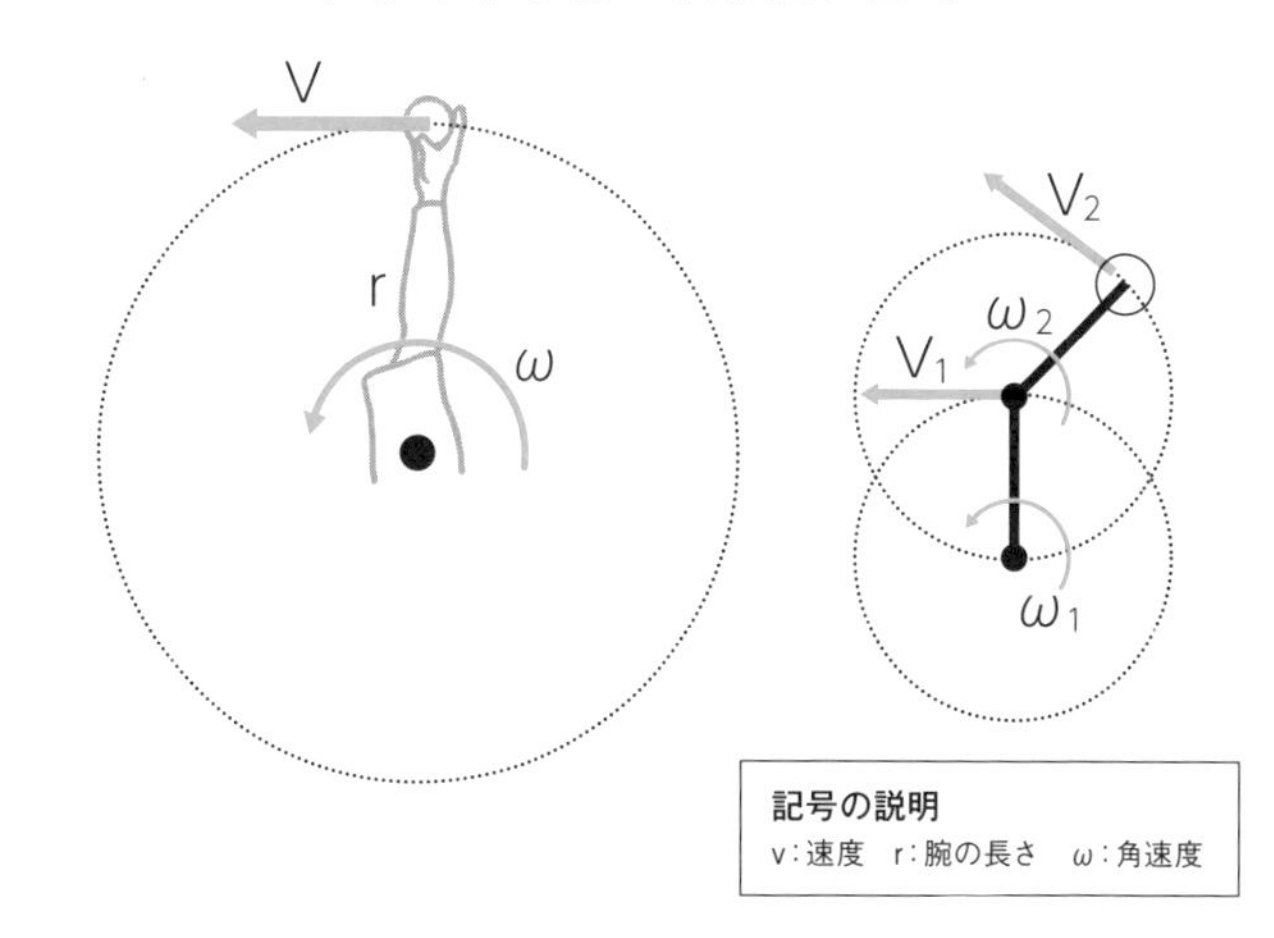

05

ボールが回転していないときの変化球はどうなるんだろう？

プロ野球投手の投げる回転のかかった変化球はびっくりするほどキレがあるといいます。でも、無回転でもボールが変化するってどういうこと？そんな回転しない変化球について探ってみましょう。

縫い目を無視して、つるりとしたボールが回転していない場合を考えてみます。**ボールが空中を飛ぶとき、ボールにかかる抵抗Dは球速Uの二乗に比例**します。比例定数C_Dは抵抗係数です。硬式ボールの場合、球速72～146km/h（20・0～40・5m/s）では抵抗係数が一定でC_D＝0・45。この数値に硬式ボールの直径74mmを当てはめると、球速範囲の抵抗Dは、D＝0・46～1・9Nとなり、これが球速を減速させるブレーキとなるのです。

ピッチャーマウンドとホームベース間の距離は18・44mです。仮に**球速72km/hで投げたとき、ベース上でどのくらいの速度に減速するのかを先の抵抗値から計算すると67km/h**となります。**減速率は92・5%**です。**146km/hのボールでは、125km/hに減速されるので、減速率は85・3%**です。つまり、**初速が速いほどブレーキのかかり方が大きい**ということを表しています。

バッターからは、球速が遅いとピッチャーの手元を離れたときの速度のままで飛んでくるように見え、球速が速いとベース上では予測とは違って、突然スピードが遅くなったように感じるのです。

球速が146km/hを超えると抵抗係数は急激に小さくなり、168km/hではC_D＝0・35となって22%も減少します。これはボール後方の流れの様子が激変するためです。

また、160km/hの球速ではC_D＝0・38です。

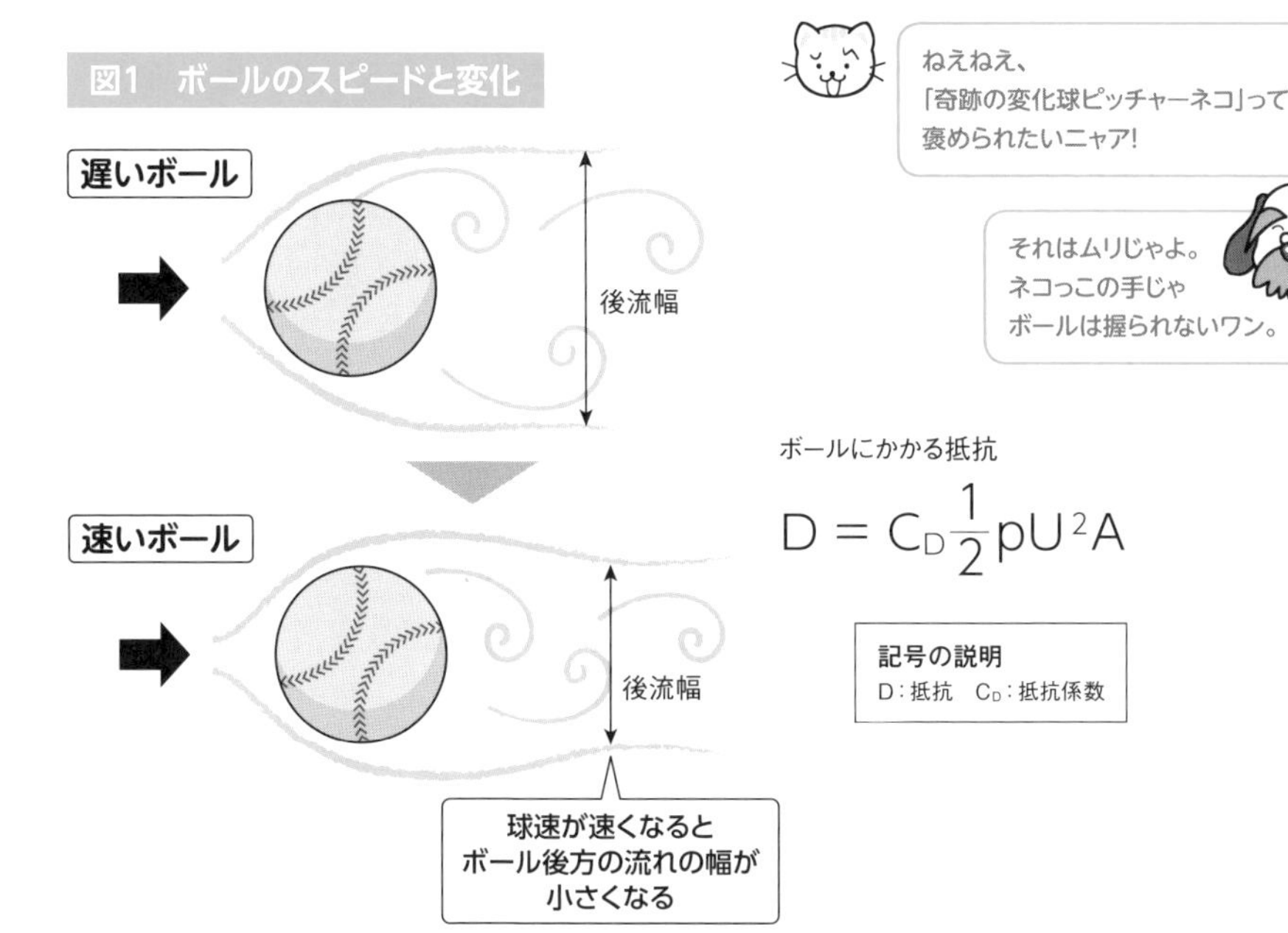

このときのブレーキ力は1・9Nとなり、球速は139km／hに減速します。減速率は87％です。仮にC_Dが先のように0・45だとすると、ブレーキが強く掛かり（2・3N）、減速率は84％となるはずですが、**球速が146km／hを超えると、ボールのスピードは予測より落ちずに飛んでくるため、バッターのタイミングが外れてしまう**のです**（図1）**。

ただし、ボールの縫い目がどの位置にあるかで、こうした現象が、どんな球速で起こるのかの事情が変わってきます。そのため、フォークボールやナックルボールなどのようにボールがベース上に来るまでに1／4回転、もしくは半回転するくらいゆるゆるの回転を与えると、速度や軌道が不規則に変化し、どこに飛んでくるのか予測がつかない変化球となります。いわゆる「魔球」ですね。

06 ボールが回転しているときの変化球はどうなるのだろう？

続いて、回転しているときのボールがどう変化するかを考えてみましょう。

ボールが回転していると縫い目の影響は平均化されて小さくなります。そのため、ボールの回転によって引きずられて回る空気の流れが、周囲に影響を及ぼすようになります。この回転する流れと、ボールから相対的に向かってくる流れが干渉し、まるで翼のような効果が現れます。つまり、**流れ方向と回転軸それぞれに対して直角方向の力、揚力が発生する**のです。流れをボールに沿って回しながら流すので、**曲率を付けるのに曲線軌道を動かすための向心力としてボール表面上に低圧が生じることが原因**です。

図1は、回転をかけて投げられたボール周辺の空気の流れの様子を表しています。上下で流れのパターンが異なるために上方向の圧力が下側の圧力より低くなり、上方向に揚力が作用しています。

図2は、回転軸を垂直にして投げたときのボールの軌道を表しています。上から見て時計方向に回転させるシュートの揚力は、右方向に作用するのでボールは右に曲がっていきます。反対方向にスライダー回転させれば左に曲がっていきます。

図1のように回転軸を水平にしてバックスピンを掛ければ、揚力は上向きなのでなかなか落ちない直線的なラインで飛んできます。また、トップスピンを掛ければ、揚力は下向きとなって通常より大きく落ちる放物線となります。ですから、回転軸を斜めにすれば、先の効果が組み合わさったラインとなり、いろいろな変化球をつくることができます。

なお、**ボールが回転しているとき、球速による抵抗係数の急激な変化は、２１８㎞／hまでは起**

きになるニャ？

こりません。 球速が72～146㎞／hでは抵抗係数が一定のC_D＝0・45でしたから、その値で回転していないときより若干小さな数値となります。したがって、ボールの減速は、回転していないボールよりは少なくなるのです。こうした数値を手の内にしたピッチャーなら、バッターが面食らう変化球を投げられるかもしれませんね。

図1　回転を掛けたボールが起こす空気の流れ

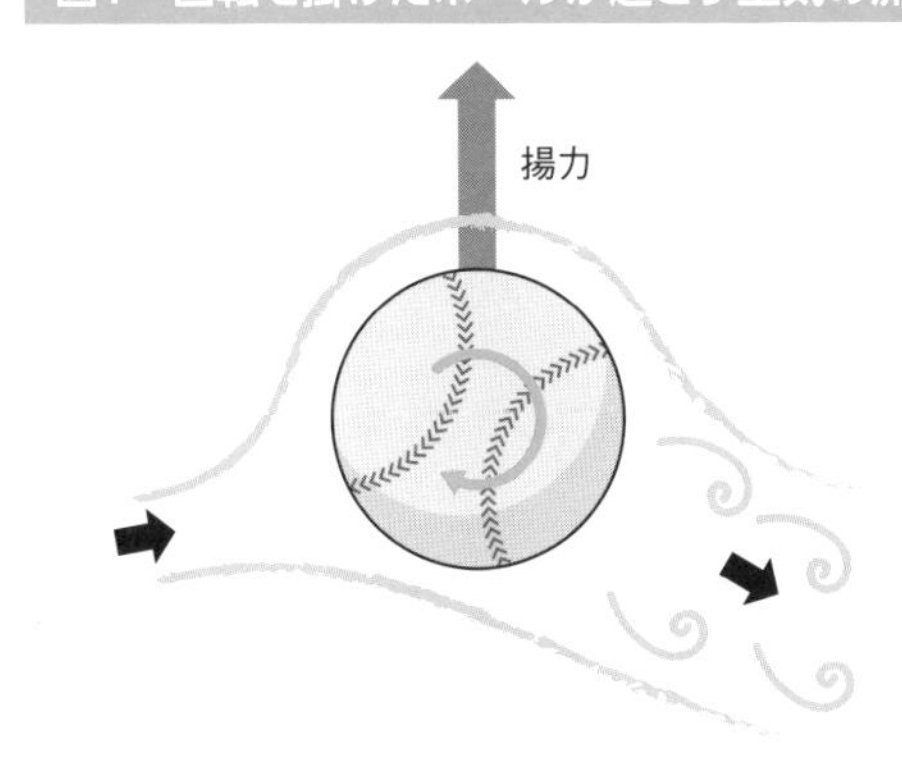

図2　回転軸を垂直にして投げたときのボールの軌道

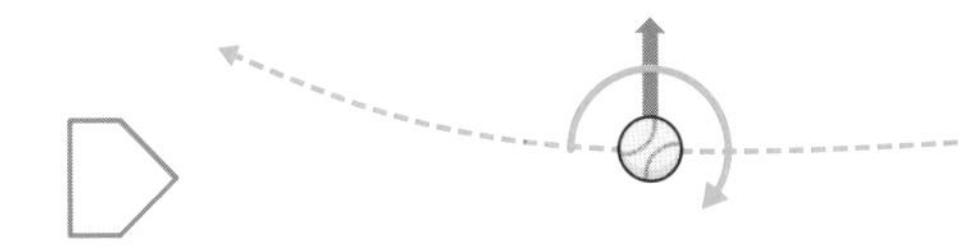

図3　各球種の回転速度、回転軸、球速効率

球種	回転速度（毎分）	回転軸（右投手）	球速効率（%）
ストレート	2200～2300	5°～30°	100
カーブ	2500～2600	180°～210°	80～85
ツーシーム	2150～2200	30°～35°	95
スライダー	2400～2500	70°～80°	90
カットボール	2400～2500	-5°～0°	95
シュート	2200～2300	30°～40°	90
チェンジアップ	1700～1800	20°～30°	80～90
シンカー	1500～2000	80°～90°	80～85
フォーク	800～1000	5°～30°	80～90
スプリット	1400～1500	5°～30°	92～95
ナックルボール	30～60	不規則	70

著者：川村卓（筑波大学体育系准教授・同大学硬式野球部監督/2021年5月8日）/本表は球質測定をするラプソード社のデータからプロレベルを想定して書かれた数値とのこと。
球速効率は、ストレートの球速を100%としたときのそれぞれの変化球の球速の割合。
資料：東洋経済ONLINE

07

サッカーのボールは蹴り方でどんな曲がり方をするんだろう？

2022年サッカー・カタールワールドカップのスペイン戦で、後半開始早々に堂安律選手が放った矢のような同点シュートは、実に鮮烈！ゴールから18m離れたところから水平方向への時速120km／hのシュートでした。

では、堂安選手がボールをどのようにキックしたのかを、ボール軌道（動画による）から分析してみましょう。

ボールの放物軌道の最高点はゴール（高さ2・44m）の半分程度だったので、最高点hは1・2mとします。そうすると**蹴り上げ角度αは8・28°**、その角度方向の**キック速度Uは121・3km**／hと計算できます。**キックからゴールまでの時間は0・35秒**です。

堂安選手の左足でボールのどこを蹴ったのか**図1**中の式をもとに見積もってみましょう。映像から、上からボールを見ると**時計方向に回転し、回転角速度ωはゴールするまでに水平面内で2回転（720°＝4πrad）するもの**でした。ということは、**回転角速度ωは0・35秒で4πradとなる**ため、ω＝36rad/sと計算できます。

サッカーボールの質量はM＝0・43kgなので、これを瞬間的（0・02秒）に121・3km／h（33・7m／s）に加速する力のFは、運動方程式からF＝725Nとなります。直径は22cm（＝0・22m）、半径rはr＝0・11m。これらの情報によって、**ボールの進行方向から0・09°左側方向へ上向き8・23°へ蹴り上げた**ことがわかります。ボールの大きさと球速で、無回転ボールの抵抗係数C_Dは0・09と見積もれます。この値は**通常でのC_D値が0・45なのに対して値が小さいため、ほぼ減速することなく飛んでいく**はずです。

堂安選手のシュート（**図2**）は、ボールに回転が加わると軌道が右にカーブしてゴールポストの外へ飛んでいく可能性がありました。その回転を押さえて蹴ったことが、まさに職人技的なピンポイントの蹴りだったと説明できるのです。

図1　堂安選手の蹴ったボール

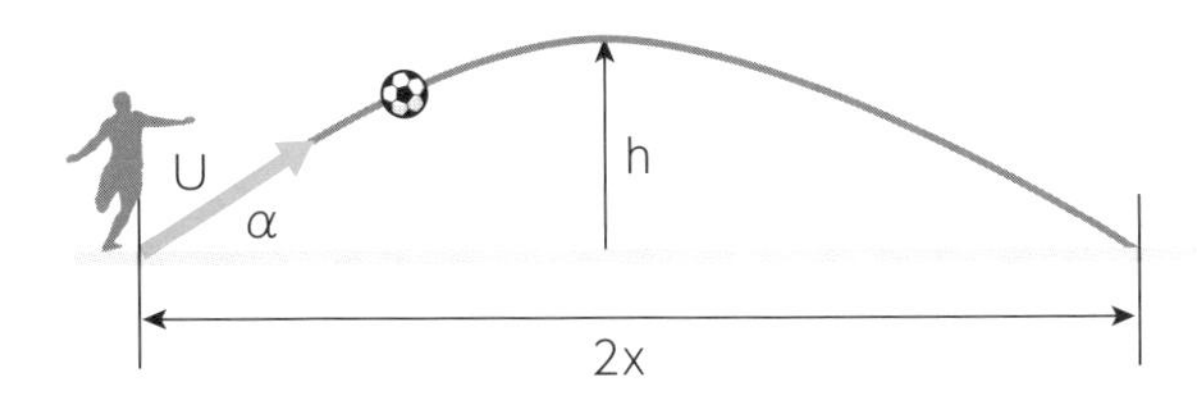

記号の説明
U：ボールの飛び出し速度
h：最高点
α：ボールの飛び出し角度
g：重力加速度　F：蹴る力

$$h = \frac{(U \sin \alpha)^2}{2g}$$

$$2x = \frac{U^2}{g} \sin 2\alpha$$

図2　堂安選手の蹴ったボールの軌道

ボールを蹴ったときのボールの回転に関する運動方程式は、

$$I \frac{d\omega}{dt} = T\delta(t)$$

と書ける。$\delta(t)$はデルタ関数。回転角速度は、

$$\omega = \frac{T}{I} \times \Delta t$$

となる。$\delta(t)$はインパルス（撃力）を表しデルタ関数、
Tは力のモーメント[Nm]、Δtは短い時間を表す。
ここで半径rの薄皮中空球の慣性モーメントI は、

$$I = \frac{2}{3}Mr^2$$

となる。したがって、

$$\omega = \frac{T\Delta t}{I} = \frac{rF\sin\theta}{\frac{2}{3}Mr^2}\Delta t = \frac{3F \sin \theta}{2Mr}\Delta t$$

と計算式が立つ。$F\Delta t$は力積で単位は[Ns]。
この式からボール蹴ったときのボールの回転角速度を求めることができる。

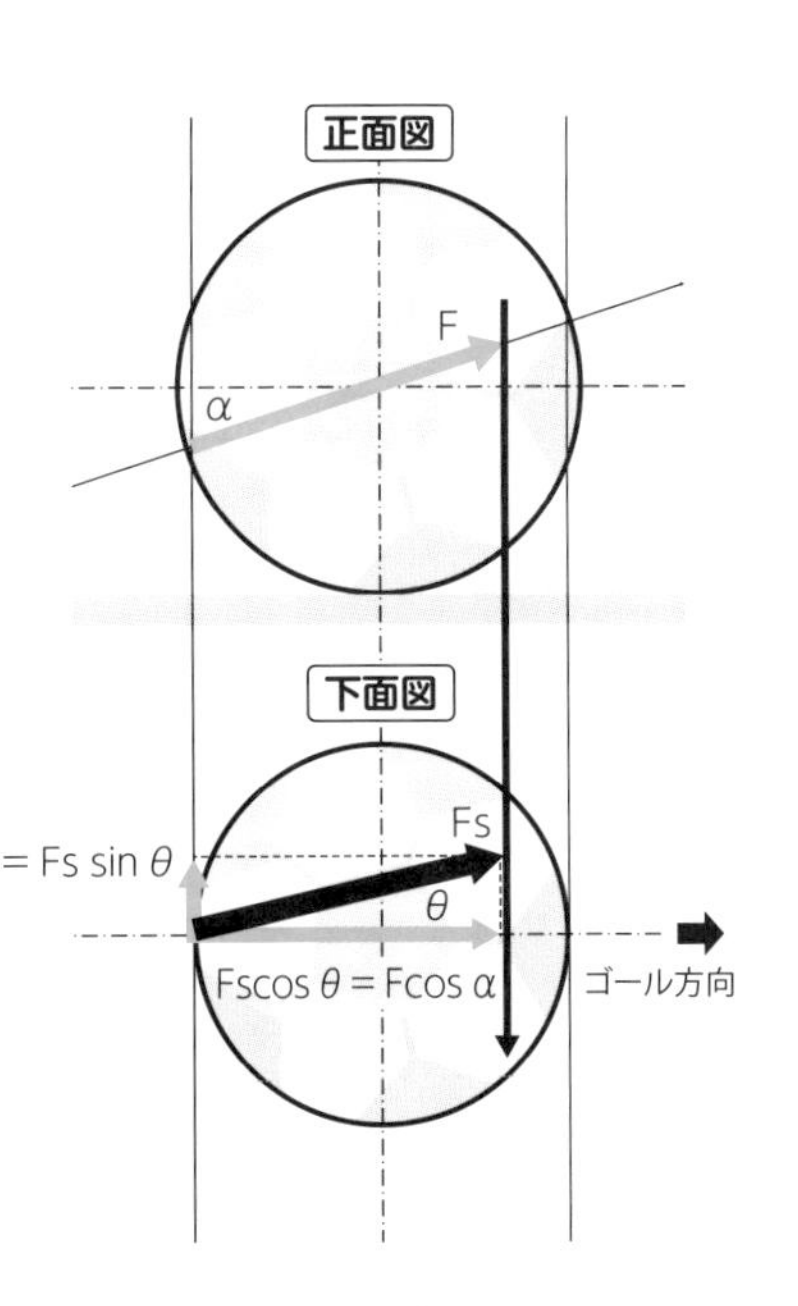

08 サッカーのボールは蹴り方でどんな飛び方をするんだろう？

今度は、地面に置かれた半径rのボールを、地面からの高さhがボールの中心位置（地面から計って半径r）との関係から考えてみましょう。地面に平行になるような蹴り方です（**図1**の水平の矢印）。

①蹴る位置がボール中心より低い場合（h＜r）

中心方向の力の成分が上方向となるので、角度θで上向きに飛び出します。つま先でボールの地面から3㎝のところを地面と平行に蹴ったとします。図1のように中心方向の力の成分によってボールは押し出されます。角度は図中の式から46・7°と計算できます。

また、**ボール表面の接線方向の力の成分によって、ボールにはバックスピンがかかり**ます。飛び出したボールの軌道は、真空状態では放物運動しますが、空気があると空気力（抗力と揚力）と重力の関係から**図2**のような軌道で飛びます。**揚力によって急上昇したあとに最高点に達し、放物線よりも開いた曲線を描いて落ちて**きます。

②蹴る位置がボール中心より高い場合（h＞r）

中心方向の力の成分が下向きになるので、角度θは下向きに地面に押し付けられ、反動でボールは跳ね上がります。また、ボールにはボール表面の接線方向の力の成分によって、トップスピンがかかります。ボールは**トップスピンのまま何回か跳ねたあと転がり**ます。

③蹴る位置がボール中心の場合（h＝r）

蹴る方向が中心を向いているため、その方向へ蹴った力そのもので押し出されます。また、ボール表面の接線方向への力の成分が生ぜず、ボールは地面と平行に押し出されます。はじめは回転せずに滑りますが、ボールには押し出された瞬間から**進行方向とは反対に地面からの摩擦力が作用**します。そのため、**トップスピンの回転方向で転がり**はじめるのです。

図1 ボールの下3㎝の位置をつま先で蹴る

地面からボールを蹴る高さhによって、ボールの飛び出し角度θは、$\sin\theta = (1-h/r)$から求められる。蹴る力の大きさをFとすると、ボールを蹴り飛ばす力F_nは、$F\cos\theta$となり、回転に寄与する力F_tは、$F\sin\theta$となる。

sin θ = (1− h/r)
θ
Fn = Fcos θ
Ft = Fsin θ
r = 0.11m
h
T = F × tr = Fsin θ

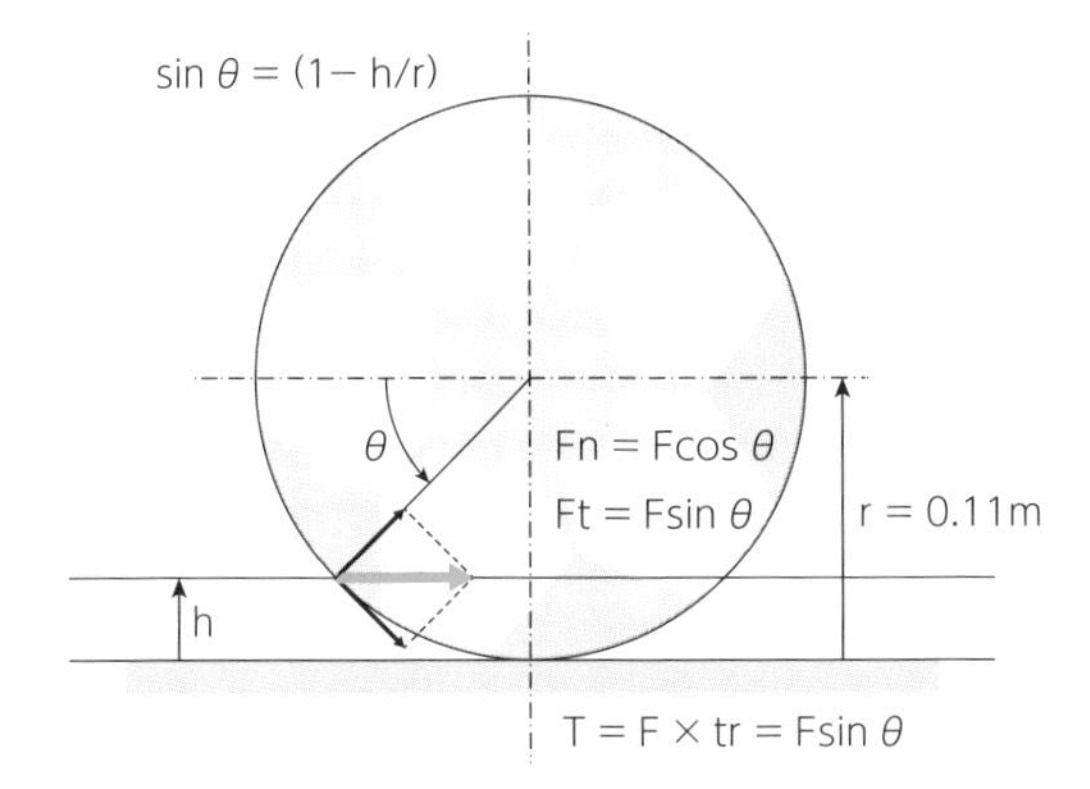

図2 ボールにバックスピンとトップスピンが掛かった軌道

記号の説明
h：ボールを蹴る位置　θ：ボールの飛び出し角度
F：蹴る力　r：ボールの半径
T：ボールにかかるモーメント

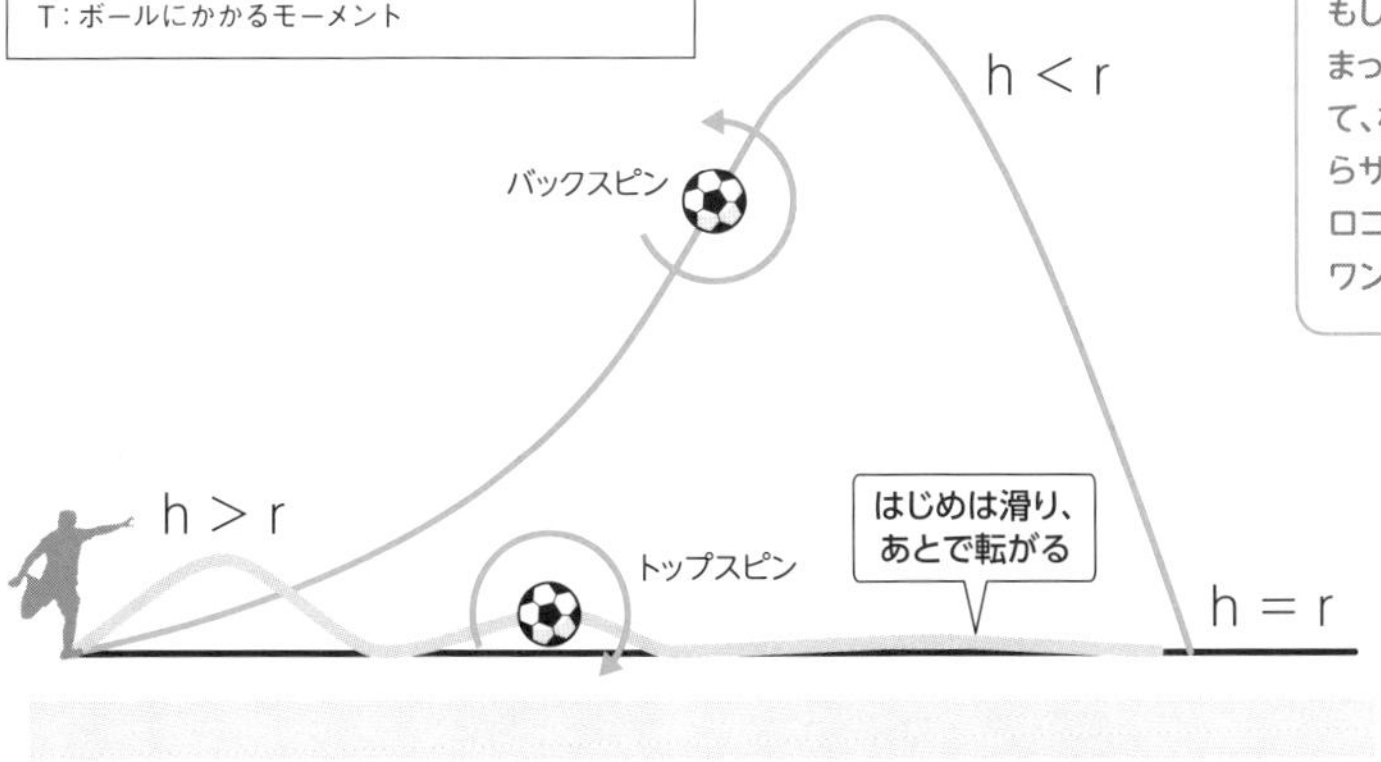

h < r
バックスピン
h > r
トップスピン
はじめは滑り、
あとで転がる
h = r

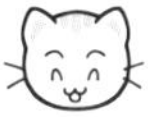

前足でドリブルして、後ろ足でシュートしたらゴールなのだニャア!

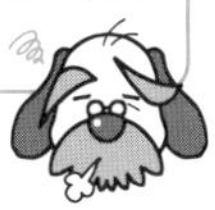

前足はハンドをとられるかもしれんのう。それより丸まってボールになりすまして、相手選手が蹴ってきたらサッとよける。あとはコロコロ転がってゴールじゃワン。

09

ゴルフの**ドローボール**と**フェードボール**はどう打つんだろう？

プロゴルファーたちは、前方にある木々を回避するようにボールの軌道を曲げる打ち方をしますね。右にも左にも自在に曲げて打つインテンショナルショットです。では、どのような技を使っているのか分析してみましょう。

クラブでボールを打つ際には、ヘッドの軌道（3通り）とヘッドのフェース面の向き（3通り）の組み合わせによって、計9種類の軌道が生じます**（図1）**。とはいえ、大きく分けるとすれば以下の3種類になります。

フェースの打撃点がボールの中心に対して、内側（ボールを上から見て中心線より手前側）、中心、外側（ボールを上から見て中心線より外側）です。そのように当たるのは、**フェース面が外側に向いたままショット（オープン）、打つ方向に向いたままショット（スクエア）、内側に向いたままショット（クローズ）**するためです。

打ち方によってボールは思わぬ方向へ飛んでいきます**（図2）**。右打ちゴルファーの場合、スクエアに向いていながらクラブヘッドがオープンで当たると、右方向へボールが曲がって飛んでいきます。なぜなら、このときの**ボールは、上から見て右方向回転（時計方向回転）するため「マグヌス効果」によってボールの進行方向に対して右方向の揚力が作用**する。その結果、右方向へ曲がってしまうからです。これがフェードボールです。

フェース面がボールへスクエアに当たると、ボールは左右に回転せず、跳ねかえりで真っ直ぐに飛んでいきます。ストレートボールですね。

フェース面がボールへクローズに当たると、ボールは左回転（反時計方向回転）します。そうすると**ボールの進行方向に対して「マグヌス効果」**

図2 ヘッドの軌道でボールの飛び方が変わる

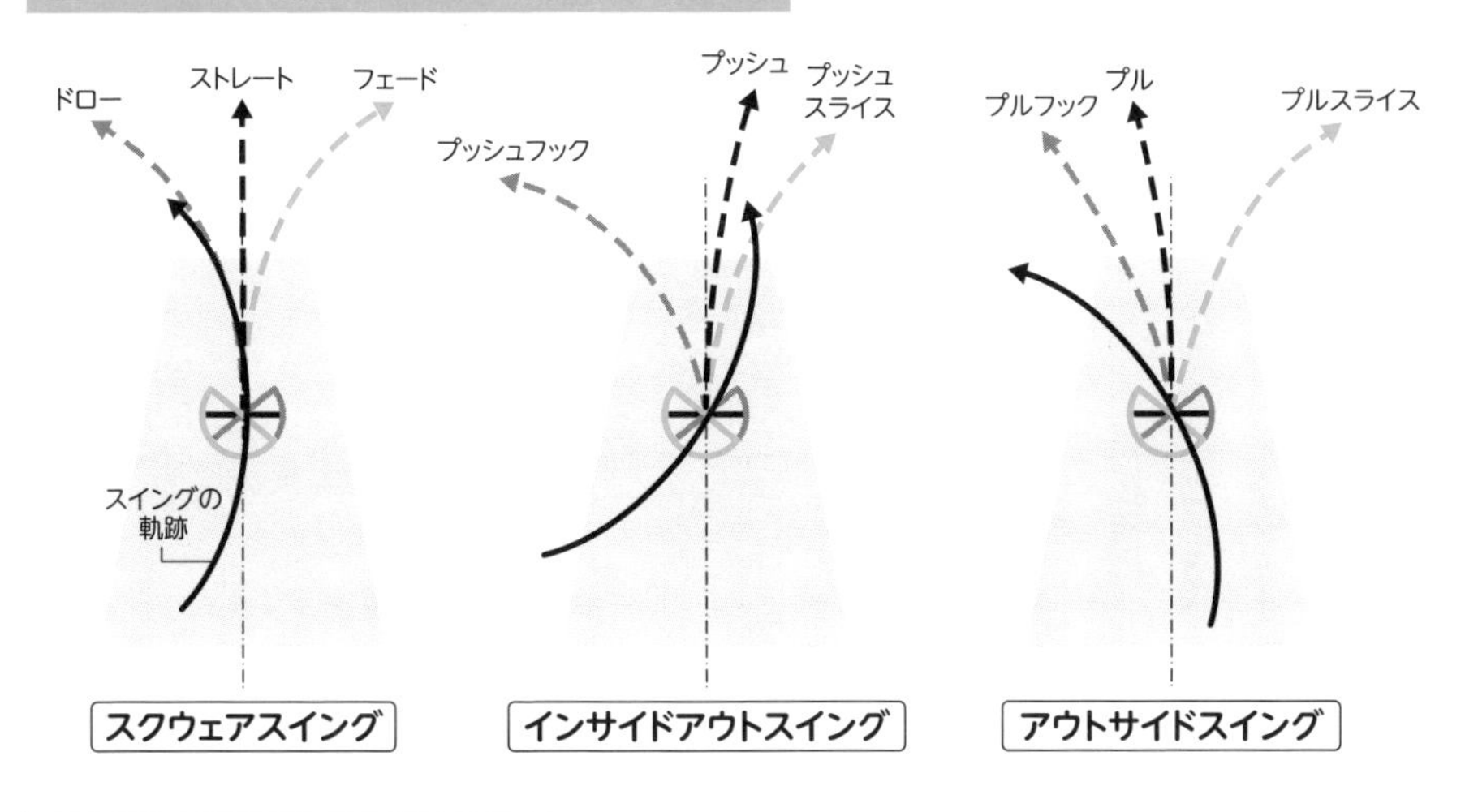

図1 ゴルフボールは打ち方で9種類の飛び方が

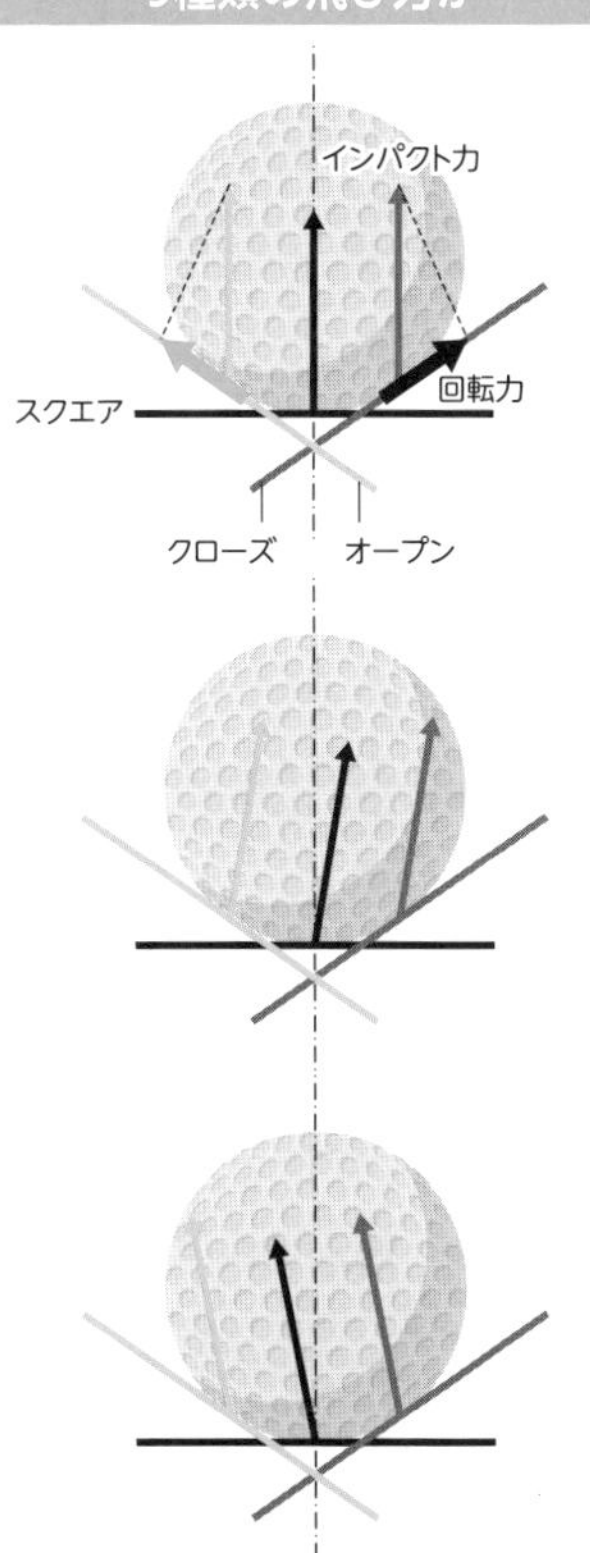

から左向きの揚力が作用することになり、軌道が左にズレていきます。ドローボールです。

ただし、曲がる程度が激しいと、フェードはスライスボールとなり、ドローはフックボールとなってゴルファーを嘆かせることになりますね。

一応、物理的に確認しておきたいのは、**「ボールの回転とは、インパクト力のボールの面に対する接線方向成分の方向に依存する」**ということです。オープンは時計方向回転、クローズは反時計方向回転ですね。

10

スピードスケートってどんなフォームと氷の蹴り方がいいんだろう?

一般的に**運動とは、「推進力」と「抵抗力」の差で決まる**のですが、どの程度の運動だったかは、短時間内でどのくらい速度が変化したかによります。速度が増せば**「加速運動」**、同じであれば**「等速運動」**、減れば**「減速運動」**と評価されます。

推進力は競技によって、〝蹴る〟〝水を掻く〟などの方法があり、また**抵抗力には「空気抵抗」「水抵抗」「摩擦抵抗」「造波抵抗」**などがあります。

では、抵抗について、スピードスケート競技で見ていきましょう。

推進力が抵抗力より大きい場合は、加速します。スタートのときです。**空気抵抗は、形、流れから見た正面の面積(投影面積という)と速度の2乗に比例**します。スタート時点では速度が小さいため、投影面積が大きくても空気抵抗は小さいですね。この時点では、**推進力であるスケートの刃で氷を蹴る力が、氷から受ける反作用力によって推進力となり**ます。

刃が、進行方向に対して斜めに当たったぶんだけ推進方向の力としては小さくなります。**刃はなるべく進行方向に対して直角に近いように当てるほうが推進力を有効に使え**ます。

スピードが上がれば空気抵抗力は急激に(速度の2乗で)大きくなるので、腰を曲げて投影面積を小さくするような姿勢をとります。このとき、推進力は空気抵抗と釣り合うだけの力を出せばいいので空気抵抗が小さければ小さいほど推進力も小さくてすみ、消費エネルギーも少なくなります。

空気抵抗の大きくなる部位は、体では頭と肩の付け根のあたりの段差およびお尻先端です。腕、脚のスネもそうです。**腕は背中に隠しているようですが、脇に付けて掌でお尻先端を尖らせるよう**

にしたほうが抵抗は小さくなります。スキージャンパーがスタート台を滑り降りてくるときのスタイルですが、相当に筋力が強くなければ、その姿勢を維持できませんね。

スケーターへの空気抵抗は選手の体型の正面面積（投影面積）と速度に大きく影響される。ただし、スタート時点では、投影面積が大きくても抵抗力より推進力が大きいため加速する。

滑走中はブレードを進行方向の氷面に斜めより直角に近づくように当てるほうが推進力は有効となる。腰を折って投影面積を小さくすることで空気抵抗が減り、推進力が増してエネルギーの消費も少なくなる。

ダブルトラック

一周の長さ	400m、または333(1/3)m	
滑走距離（短距離）	男子	500m、1,000m、1,500m
	女子	500m、1,000m、1,500m
滑走距離（長距離）	男子	3,000m、5,000m、10,000m
	女子	3,000m、5,000m

シングルトラック

一周の長さ	384.18m、387.36m、385.77mの3種類。コーナー半径やスタート地点の違いなどでほかに2種類ずつに分かれる。	
滑走距離（短距離）	男子	500m、1,000m、1,500m
	女子	500m、1,000m、1,500m
滑走距離（長距離）	男子	3,000m、5,000m、10,000m
	女子	3,000m、5,000m

シングルトラックは国体などで開催される日本独自の競技。短距離は8名以内、長距離は12名以内が一斉スタートするタイムレースを争う方式と予選決勝を行なう2通りの競技方式がある。

ショートトラック

一周の長さ	111.12m　30m×60mのスケートリンクに設けられた楕円形のトラック。	
滑走距離	男女	500m、1,000m、1,500m

チームパシュート（3人1組）

滑走距離（短距離）	男子	3,200m（400m×8周）
	女子	2,400m（400m×6周）

勝敗は3人目の選手のブレード先端がゴールした時点で決定。

マススタート

一周の長さ	400m	
滑走距離	男女	16周　ポイント競技

スタート直後の1周目は加速禁止。2周目から加速可能。獲得ポイントは、4周ごとの順位でポイント加算（4・8・12周の1位5ポイント、2位3ポイント、3位1ポイントの中間ポイントが加算）。16周滑走したゴール順位、1位60ポイント、2位40ポイント、3位20ポイントの最終ポイントが加算され、中間、最終ポイントの合計で順位が決定。参加人数は20名ほど。

11

スピードスケートのパシュートってどんな滑り方がいいんだろう？

陸上の長距離走、自転車競技、カーレースなどの競技では、選手や車が縦に並んで走っています。先頭の後ろに付いて走ると空気抵抗が受けにくく、そのために体力やエネルギーを温存できて有利だからです。

では、前の選手とどのくらいの距離を空けると効率的なのか、人を円柱に見立てて考えてみましょう。

図1のように2つの直径Dの円柱が空気の流れに対して、縦に中心間距離L離れて追走しているときの前方と後方の円柱の抵抗係数をC_{D1}とC_{D2}とします。L＝1Dというのは、前方の円柱の後端と後方の円柱の先端がくっついている状況なので、〝隙間なし〟です。この状態から徐々に隙間を空けていくことにします（**図2**）。**L＝3・5Dまでは、C_D1は単独円柱の1・2より8％小さい1・1程度、C_{D2}にいたってはマイナス0・2**となります。

マイナスという値は抵抗ではなく、推進力が後方円柱に作用していることを表します。つまり、**前方の円柱に吸い寄せられていることを意味する**わけです。L＝3・5Dではそれぞれの円柱が、単独で流れの中にあるときの抵抗係数となります。これは2つの円柱が縦に並んでいても、流れから見たら2つの円柱が独立しているように見えるということです。

縦に並んでお互いが影響しあい、抵抗が小さくなる隙間の距離Sは、S＝2・5Dです。**人の体の直径を0・3mとすると、隙間距離S＝0・75mとなります。75㎝の間隔を空けて滑れば、前の選手の背中でつくる低圧部分に引き寄せられることになり**、腹が引っ張られる感覚を感じるでしょ

図1 先頭に2番手スケーターが中心間距離L離れて追走

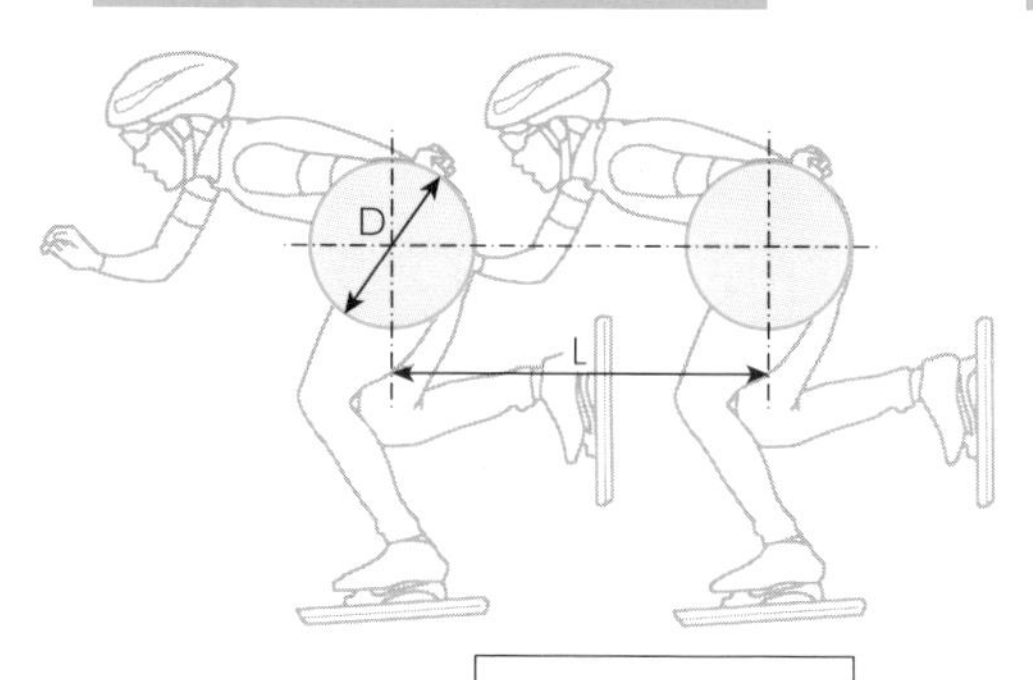

記号の説明
D：直径　L：中心間距離

自転車競技や自動車レースもスピードスケートのパシュートと同じく並んで走る。先頭の後ろに付いて走ると前が壁になって空気抵抗が受けにくく、体力などの消耗が減るからだ。

図2 1番手と2番手の間隔の差による空気の流れの変化

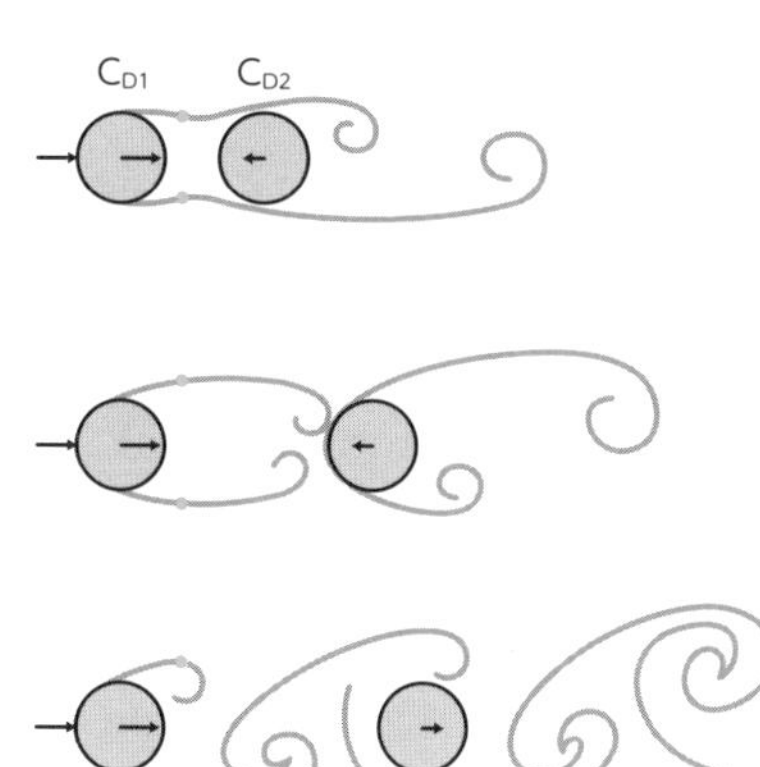

う。

　スピードスケート競技のパシュートで3人が一糸乱れず、一定の距離を保持しながら滑るときも同じですから、75㎝以内の距離を自分の腕で測りながら滑っています。腕の長さは伸ばして約50㎝程度なので、抵抗を少なくするために、上の間隔以上、離れないようにしなければなりません。それに、**3人のうち先頭を滑る選手も単独で滑るより抵抗は8％下がり**ます。ですから、この競技では3人が乱れず直線になって滑るチームが有利となるわけです。

　また、**並走している状況でも、S＝D程度の距離、人なら30㎝程度の間隔を保つと、やはり単独よりは抵抗が8％程度小さく**なります。スピードスケートは、うまく並走することも重要な競い方なのです。

し、しらなかったニャア！

12

フィギュアスケートは5回転ジャンプ時代が来るんだろうか？

冬の花形競技フィギュアスケートは、いまや日本の得意スポーツの1つになっています。浅田真央さんや羽生結弦さんが競技から引退したあとでも、あとに続くスケーターが男女とも育っているようです。

そんなフィギュア技術で、男子は4回転半、女子で4回転と一昔前には考えられなかった高難度のジャンプを目の当たりにするようになりました。そして、ついには5回転ジャンプまで行き着くのか。夢は広がりますが、実際にそんなことが可能なのかを物理的に検証してみましょう。

さて、まず回転にかかわる物理とは、**「角運動量保存則」**です。角運動量というのは**慣性モーメント×角速度**で表されます（**図1**）。ちなみに、**並進運動の運動量は、質量×速度**です。**質量とは運動の難易度を表します**が、その対応でいえば、**慣性モーメントは回転の難易度を表す**もので、**直線運動における速度に対応して回転運動は角速度**になります。

胴の直径D、身長Hのスケーターをそうした直径と高さを持つ円柱と見立て、質量をMとします。身長方向の軸周りに回るときの円柱の慣性モーメントIは、

$$I=\frac{1}{2}M\left(\frac{D}{2}\right)^2$$

となります。この数式は、体重が軽く細身（Dが小さい）のほうが回りやすいことを意味しています。ことに女子スケーターが、子どものときにはクルクルと回っていた回転なのに、成長とともに難易度が増すのはこのためです。

ところで、5回転ジャンプとは、角度でいえば5×360°＝1800°です。これを滞空時間t秒間

きになるニャ

で回らなくてはなりません。**滞空時間**※**とは、ある速度で打ち上げた物体が自由落下運動で着地するまでの時間**です。最高点に到達してから着地に至る時間は、真上に飛び上がる速度をv［m／s］とすると、t＝2v/g［s］で表せます。

現役時代の羽生選手のデータからv＝3.8m/sを代入すると、滞空時間は0・78秒です。この間に羽生選手は4回転半回っていましたから、5回転に必要な時間t＝5/4.5×0.78＝0.87秒が導き出されます。必要な滞空時間としては、わずか0・09秒の差ですが、それがとてつもなく大きいのです。

ともあれ、**5回転を成功させるためにはv＝4.25m/sで真上に跳ね上がらなければなりません。必要な高さは0・92m**です。また、**飛び出し角度θ＝26°**が求められますが、**滑走速度8・32m／sで角度を30°にすれば0・92mまで到達する**計算です。ですから、センスと筋力にすぐれた新たな選手が、踏み切りの角度に注意して練習すれば、5回転ジャンプが夢ではない時代が来るかもしれないのです。

図1　フィギュアスケートのジャンプ

蹴る力をF［N］、蹴る短い時間Δt、モーメントT=r×Fとすると、
運動量変化は力積と等しいとう関係と同様に、
角運動量Iω=TΔtより、角速度は次のように求められる。

$$\omega = \frac{T}{I} \times \Delta t = \frac{rF\Delta t}{I}$$

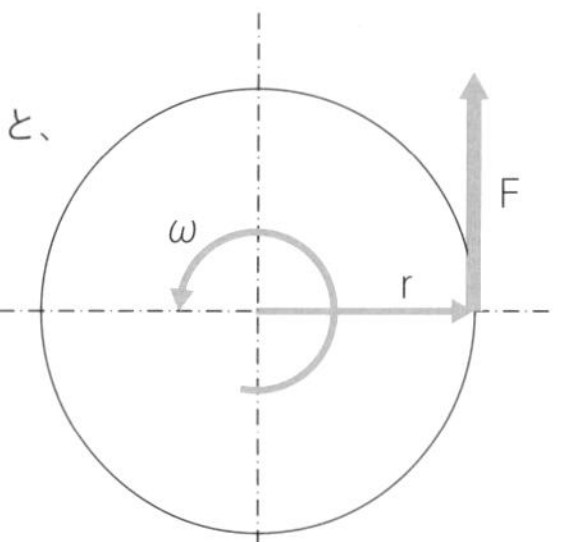

図2　数式で読む跳び上がり角度

記号の説明
U：踏み切り速度　u：Uの水平方向成分速度
v：Uの垂直方向成分速度　θ：踏み切り角度
h：最高点　x：跳んだ距離水平距離　g：重力加速度

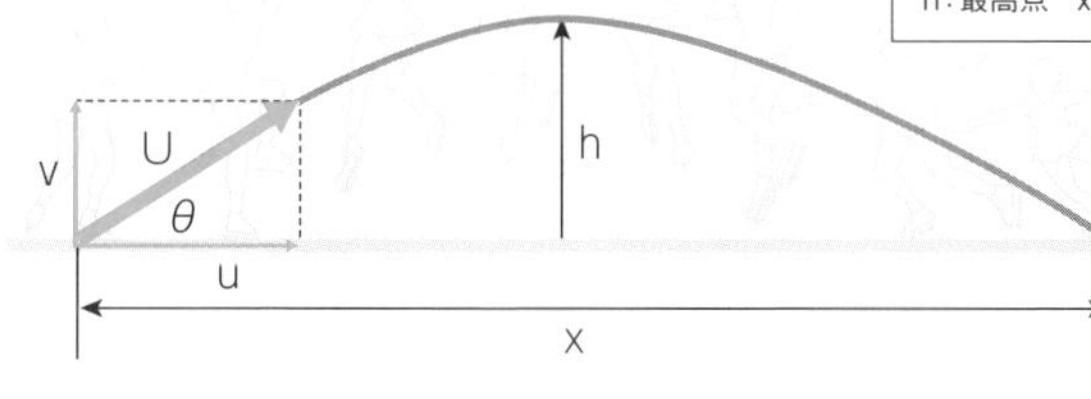

$$U = \sqrt{u^2+v^2}$$

$$h = \frac{v^2}{2g} \quad x = \frac{U^2}{g}\sin 2\theta$$

※踏み切り速度Uで角度θ方向に飛び出したとき、到達最高点はh=v2/2gとなり、水平方向にはx=2uv/gの距離を飛ぶことになる。踏み切ってから着地するまでの時間tはt=2v/gで表せる。

13 ブレイクダンスの体の動きはどうなってるんだろう？

ブレイクダンスの技で花形といえば、仰向けで背中を中心に回るウィンドミルや倒立姿勢のまま頭で回るヘッドスピン。激しい回転は見栄えのよさとともに驚きを与えます。

回転にかかわってくるのが慣性モーメントです。これは回りやすさや回りのむずかしさを表すもので、回転軸をどこにとるかによって難易度が変わります。人の形を直径D、高さ（身長）をHの円柱に見立てて考えてみましょう。

この円柱の質量をMとします。**ウィンドミルでの慣性モーメントI_hは、直径の2乗と高さの2乗の和と質量に比例**します（図1）。これにより、**体重が重いと回りにくく、身長が高すぎても回りにくい**ことがわかります。大人では膝を曲げて体に密着するようにし、全体の身長を小さくするようにして回転するといいわけです。また、成長しきっていない子どものほうが回りやすいことになります。その利点により、世界大会では身長の低い日本人の動きのほうが軽快で見栄えがします。

並進運動と同様に、回転には**「角運動量保存の法則」**があります。**角運動量は慣性モーメント×角速度**で表します。演技開始時点で手足を伸ばして回転しはじめ、途中で手足を縮めると、慣性モーメントが小さくなったぶん角速度が増します。手足を縮めると回転数が上がるというわけです。

なお、床と接している背中の摩擦は少ないほうが有利になるので、ウェアは床との摩擦係数が小さな素材を着ることです。演技構成上、回転数を落とす場合には、縮めた手足を伸ばせばよいことになります。

ヘッドスピンでも、慣性モーメントは直径の2乗と体重がかかわっているので、やはり**細身の体**

のほうが回転しやすくなります。手や足を横に広げ、見掛けの直径を大きくしてから回転を開始し、途中で手足を縮めればウィンドミルと同様に回転数が増加（**図2**）。このときも、かぶった帽子の素材の床との摩擦が少なければ回転は持続します。

ウィンドミルからヘッドスピンに滑らかに移行すれば、ウィンドミルで保有した角運動量をヘッドスピンの回転に移すことができます（**角運動量保存の法則**）。また、**ウィンドミルでは、角運動量が身長の2乗分なのでヘッドスピンより大きい**。つまり、**ウィンドミルからヘッドスピンに移した瞬間に、回転数は上がる**というわけです。

背中や頭が
痛くならんのかニャア。

うーむ、
わしは目が回りそうじゃ
ワン。

図1　円柱の中心で回転するウィンドミルの慣性モーメント

演技開始のときに手足を伸ばすと回転速度は遅くなるが、手足を縮めると慣性モーメントが小さくなって角速度が増し、回転スピードは上がる。

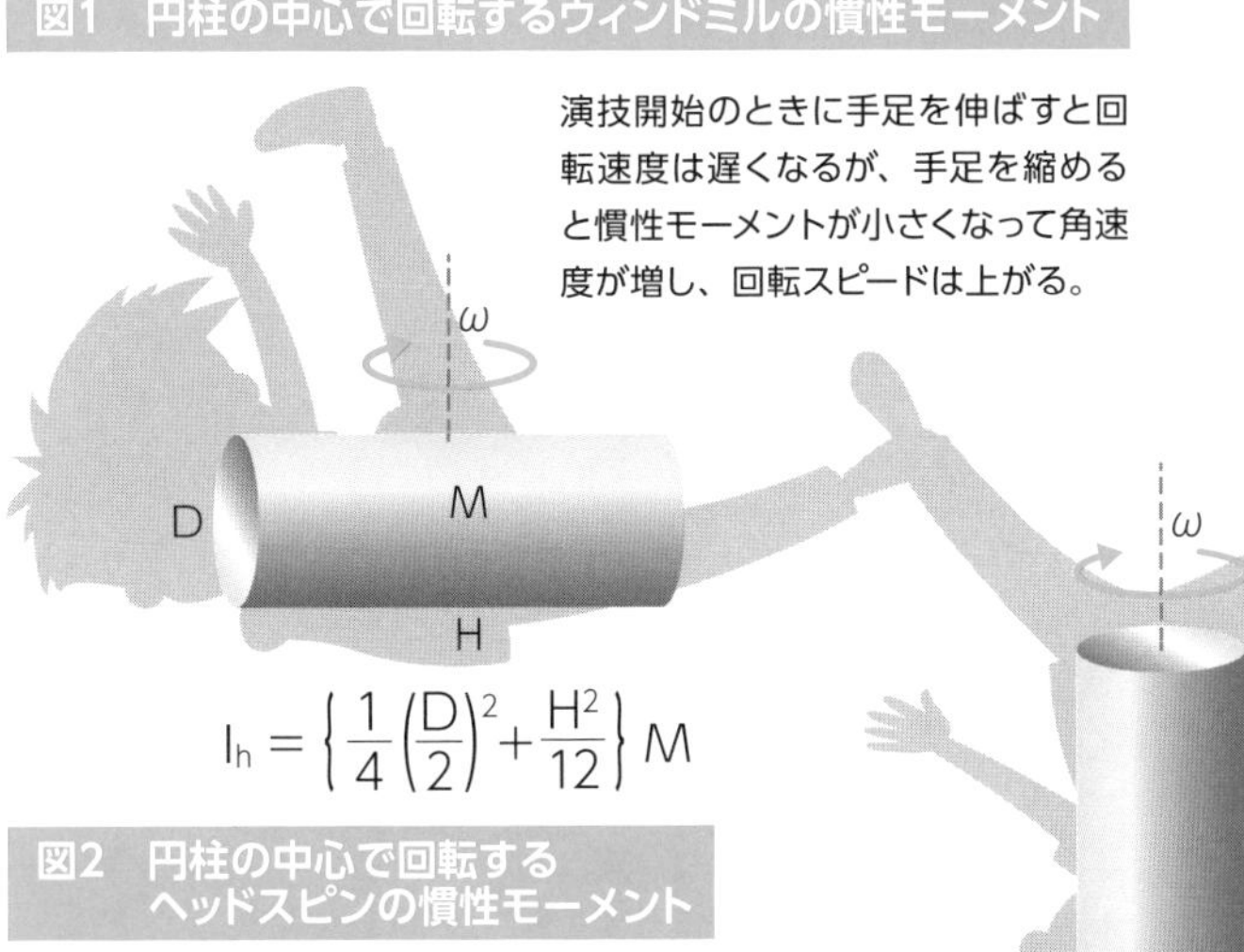

$$I_h = \left\{\frac{1}{4}\left(\frac{D}{2}\right)^2 + \frac{H^2}{12}\right\} M$$

**図2　円柱の中心で回転する
ヘッドスピンの慣性モーメント**

ヘッドスピンの回転速度を上げる方法は、ウィンドミルと同じ。また、「角運動量保存の法則」でウィンドミルからヘッドスピンにスムーズに切り替えると、ウィンドミルで保有していた角運動量をヘッドスピンに移すことができる。

$$I_v = \frac{1}{2} M \left(\frac{D}{2}\right)^2$$

記号の説明
D：直径　M：質量　H：高さ（身長）　ω：角速度
I：慣性モーメント（物体の回転しにくさを表す量）

14

東京五輪で話題のスケボーはどんなテクニックを使うんだろう？

東京オリンピックで大活躍したのが、男女とも若いスケートボード選手でした。選手たちがジャンプしてボードを自在に操る技を見ると感嘆してしまいます。ですが、速すぎて何が起こっているのか、何がすごいのかは、よくわからないかもしれませんね。

そもそも乗っているだけで直接つながっていないボードが、どうして選手の動きにくっついて跳び上がれるのか不思議です。

では、**図1**のようにまずボードに乗っていない状態でテール（後ろ）を下向きに蹴ってみましょう。後輪を中心にノーズ（前）側が上がるように回転します。なぜそうなるかの理由は、**①後輪から蹴る力の位置までの距離を掛けた反時計回りのモーメント⇩②後輪から重心位置までの距離に重心にかかるボードの自重を掛けた時計方向回転のモーメント⇩③その差のモーメントで回る**ためです。

また、**同時に後輪を通じて蹴った力とボードの自重を足した力が地面に伝わります**。この力に対して**地面からの反力が、蹴った力と自重を足したぶんの力と同じ大きさでボードに伝わります**。結局、**自重にプラスされた蹴った力がボードを上に跳び上がらせる力**となります。

プレイヤーが乗っているときも同じで、テールを蹴りながら自分もジャンプします。このとき、後輪にはプレイヤーがジャンプするときの力がさらに加わって、ボードは上がりながら反時計方向に回転し続けます。それを防ぐためにノーズ側の足でボード表面を擦るように力を加えて回転を止めます。同時にボードを前進方向に引っ張りながら、自分の落下とともにボードを水平になるようにコントロールするのです。これが基本のオーリーというジャンプです。

ノーズ側を擦るとき、ボードの縦方向の中心軸に対して、自分に近い側か、外側かによってキックフリップ、ヒールフリップというボードの一回転ローリングの技が可能となります（**図2**）。

また、ボード面直角方向の軸周りの180°回転を加えることも可能で、その**回転はノーズ側を回すか、テール側を回すかによって、フロントサイド180オーリー、バックサイド180オーリーという技が生まれます。**

ボードの回転軸に対する慣性モーメントを見ると（**図3**）、キックフリップのような縦軸（x軸）周りの回転は回しやすくなります。回すのがもっともむずかしいのはテールを中心に回す技で、フロントサイド180オーリーのようなz軸周りの回転がその次にむずかしいことがわかります。それにしても、あの小さなボードには驚くような技術の可能性が秘められているようです。

図1　ボードのテールを下向きに蹴る

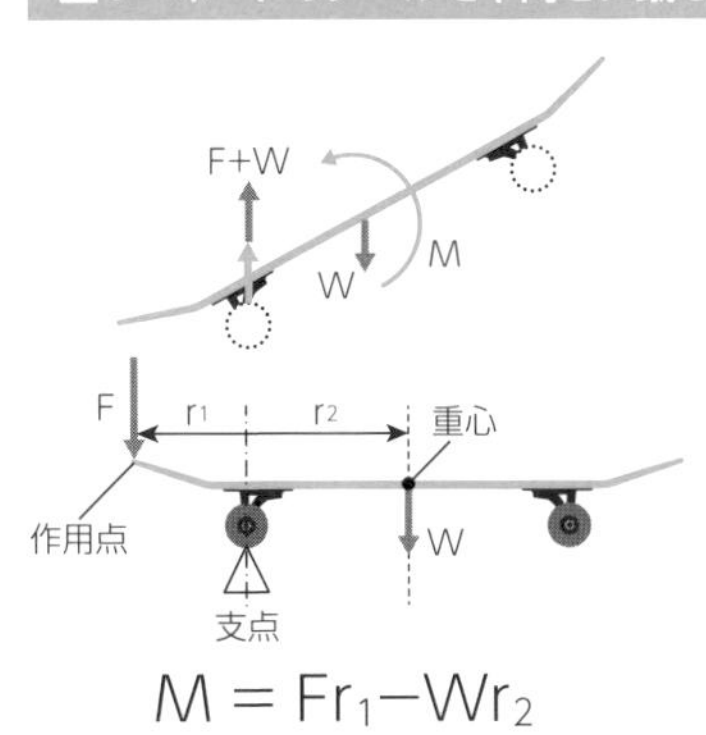

$$M = Fr_1 - Wr_2$$

図2　ボードのノーズを擦ってボードを前方に飛ばす

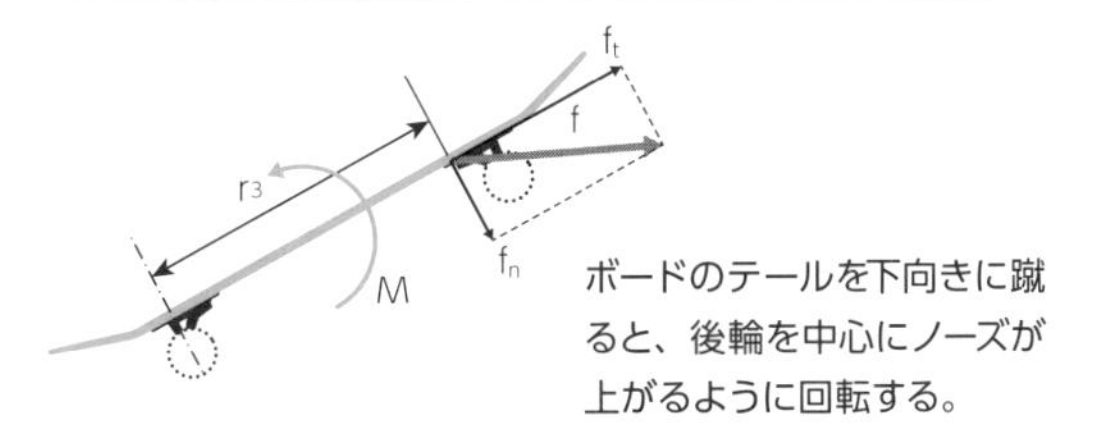

ボードのテールを下向きに蹴ると、後輪を中心にノーズが上がるように回転する。

記号の説明
F：下向きに蹴る力　W：ボードの重さ　M：合成されたモーメント
r：距離　f：前にボードを飛ばす結果の力
ft：ボードのノーズをシューズで擦る摩擦力
fn：ボードのノーズを擦ると同時に下方向に押す力

図3　ボードの回転軸に対する慣性モーメント

計算値からボードの回転軸に対する慣性モーメントから、回しやすいのは図のx軸周りの回転で、もっとも回しにくいのはテールを中心に回すy軸周りの回転技、次に回しにくいのがz軸周りの回転となる。

x軸周りの慣性モーメント…………　$I_x = \frac{1}{3}Mb^2$

y軸周りの慣性モーメント…………　$I_y = \frac{1}{3}Ma^2$

z軸周りの慣性モーメント…………　$I_z = \frac{1}{3}M(a^2+b^2)$

テール先端に回転軸（z軸がある場合）　$I_{tail} = I_z + Ma^2 = \frac{1}{3}M(4a^2+b^2)$

$I_{tail} = I_z > I_y > I_x$

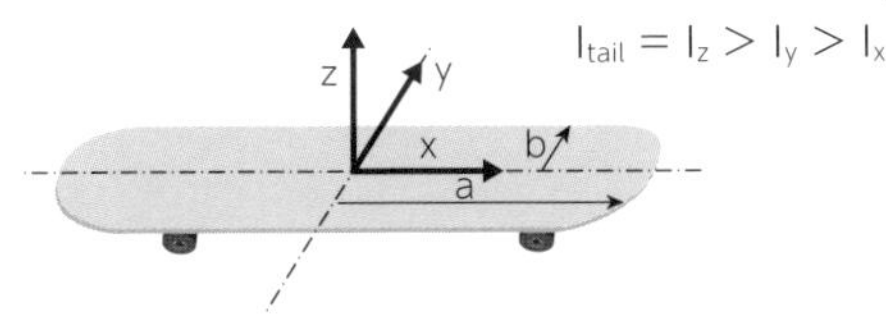

楽器はどんな仕組みで いろいろな音を出すんだろう?

弦楽器は、バイオリン、チェロ、コントラバス、二胡などのように弦をこすって音を出す擦弦楽器。マンドリン、琴、ギター、ハープなどのように弦を弾く撥弦楽器。ピアノのように弦を打って音を出す打弦楽器。

管楽器としては、1枚のリードを使うクラリネット、サキソフォーン。2枚のリードを使うファゴット、オーボエ。リードのないピッコロ、フルート、縦笛、尺八などのエアリード楽器。リップリードで唇を震わせるトランペット、トロンボーン、ホルンなど。

打楽器には、木製のカスタネット、木魚、木琴、金属製のシンバル、スティールドラム、鈴、膜を叩く太鼓、ドラムなどがあります。

弦楽器は、基本的に両端が固定された弦の振動が音源となるので、弦の長さℓと張力Tおよび密度ρ、振動モードm(節の数+1)が振動周波数fを決めます。すなわち、

$$f = \frac{m}{2\ell}\sqrt{\frac{T}{\rho}}$$

で表せます。なお、

$$\sqrt{\frac{T}{\rho}}$$

は弦を伝わる横波の速度です。

弦を張る張力を強くすれば速度が速くなり、周波数が上がります。エレキギターは、チョーキングやアームと呼ばれるレバーで張力を変えながら、フレットを押さえて音の高低を連続的に変えます。アコースティックギターのように本体の共鳴を利用せず、磁性体の弦振動が磁界を通過して電気に変化するピックアップによって音を出します。つまり、弦そのものの振動を音に変えるのがエレキギターです。

バイオリンは、フレットがないため経験的な位置を押さえて弦の長さを変え、音階をつくります。ピアノやハープでは、弦の長さを指数関数的に変え、さまざまな音階をつくるため、独特のカーブを持つ箱形となります。

管楽器は、パイプの共鳴を使います。そのため、パイプオルガンのパイプのように端が閉じている楽器(閉管)では、パイプの長さℓ、空気の音速c、気柱の振動モード(m=1,3,5～)によって周波数が決まり、

$$f = \frac{m}{2\ell}c$$

となります。

フルートのように端が開いている楽器（開管）は、

$$f = \frac{m}{2\ell}c$$

（m=1,2,3～）となり、管の穴を指で押さえることで管の長さが変化させ、周波数を変えます。

打楽器は、膜面の振動パターンがクラドニパターンとして現れます。このパターンと筒の共鳴によって周波数が決まるわけです。

楽器にはさまざまな種類がありますが、音を出す仕組みもそれぞれというわけです。

弦の振動

弦楽器のように両端を固定した弦にできる定常波は、両端が節になる（弦を伝わる波の速さをvとする）。

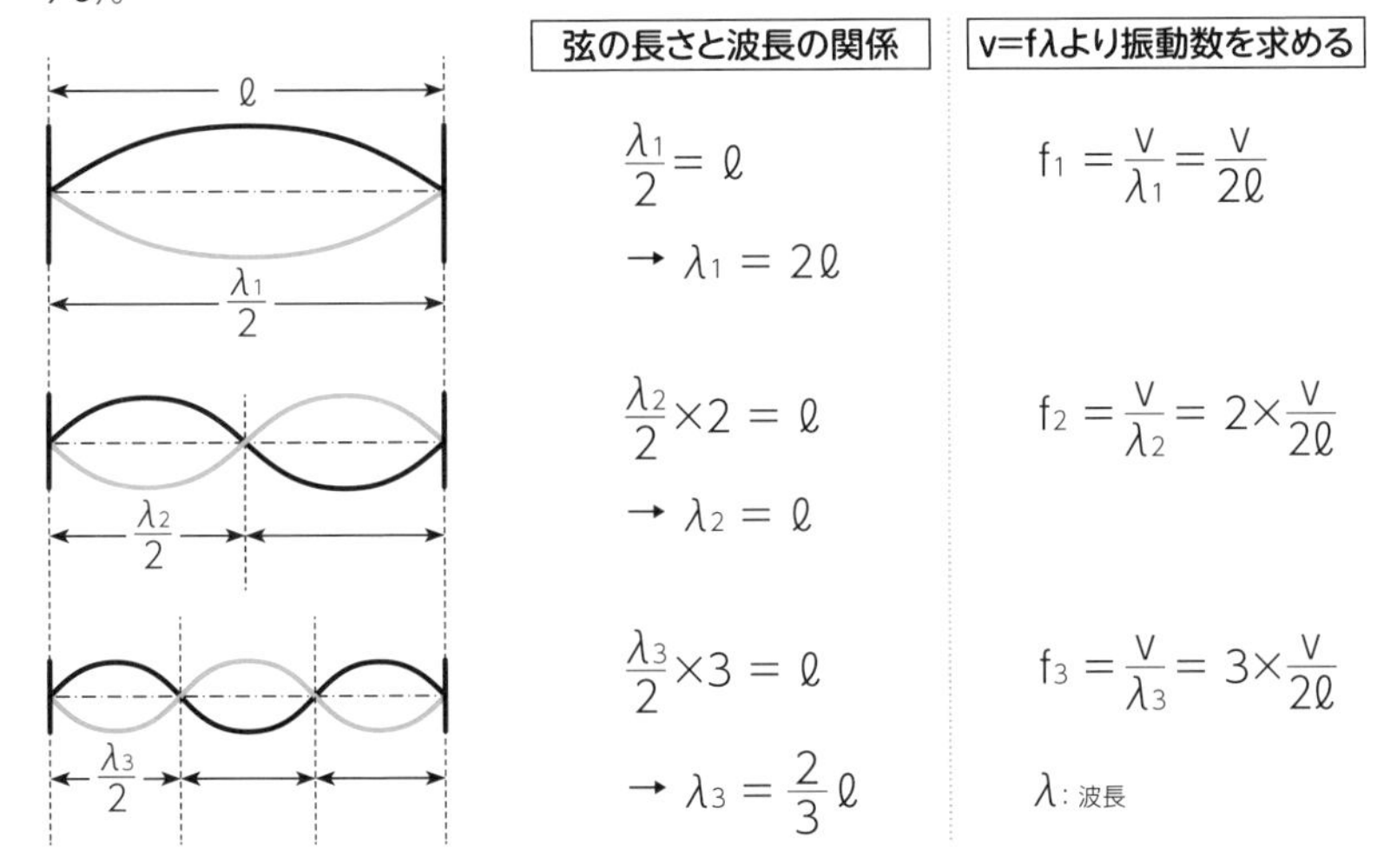

弦楽器は指で押さえる位置を移動しながら弦の長さℓ［m］を変えて演奏する。音の基本的な高さを調整するチューニングは、張力T［N］を変え、弦に伝わる波の速さv［m/s］を調整することで行なう。

弦の単位、長さ当たりの質量（線密度）をρ［kg/m³］とすると、弦を伝わる波の速さは、

$$v = \sqrt{\frac{T}{\rho}}$$

が成り立つ。したがって、Tが大きく、ρが小さいほどvは大きくなる。

気柱の振動

○開管

両端が開いた管(開管)では、波端を自由端として反射する。定常波は管の両端が腹のようになる(空気中を伝わる波の速さをvとする)。

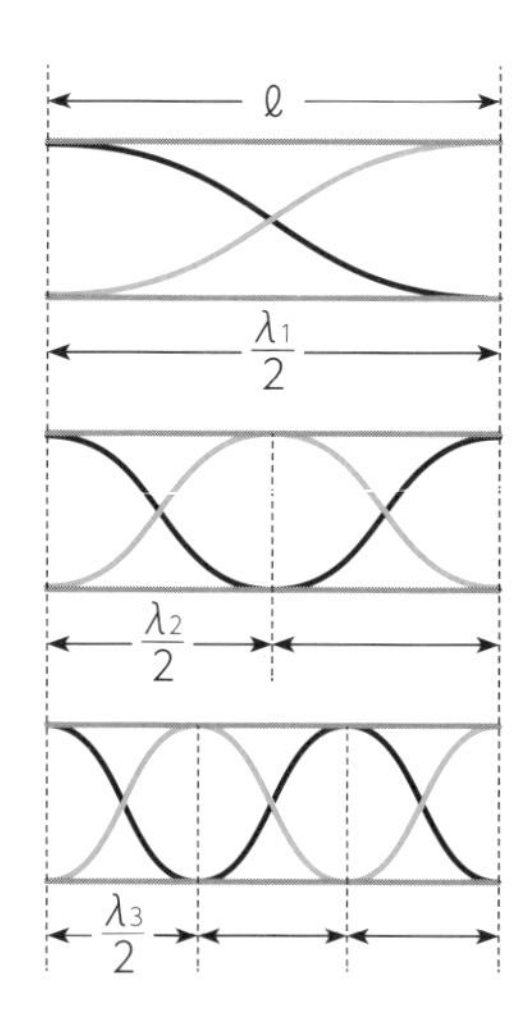

気柱の長さと波長の関係	v=fλより振動数を求める
$\frac{\lambda_1}{2}=\ell$ $\rightarrow \lambda_1 = 2\ell$	$f_1=\frac{v}{\lambda_1}=\frac{v}{2\ell}$
$\frac{\lambda_2}{2}\times 2=\ell$ $\rightarrow \lambda_2 = \ell$	$f_2=\frac{v}{\lambda_2}=2\times\frac{v}{2\ell}$
$\frac{\lambda_3}{2}\times 3=\ell$ $\rightarrow \lambda_3 = \frac{2}{3}\ell$	$f_3=\frac{v}{\lambda_3}=3\times\frac{v}{2\ell}$

気柱の振動

○閉管

片端が閉じた管（閉管）に息を吹き込むと、口の部分では自由端、もう片方を固定端として音波は反射を繰り返す（空気中を伝わる波の速さをvとする)。

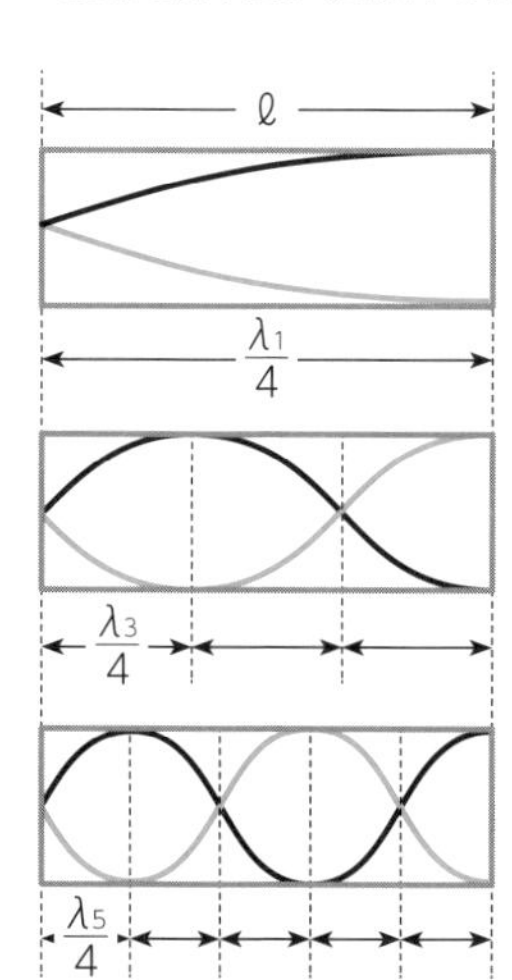

気柱の長さと波長の関係	v=fλより振動数を求める
$\frac{\lambda_1}{4}=\ell$ $\rightarrow \lambda_1 = 4\ell$	$f_1=\frac{v}{\lambda_1}=\frac{v}{4\ell}$
$\frac{\lambda_3}{4}\times 3=\ell$ $\rightarrow \lambda_3 = \frac{4}{3}\ell$	$f_3=\frac{v}{\lambda_3}=3\times\frac{v}{4\ell}$
$\frac{\lambda_5}{4}\times 5=\ell$ $\rightarrow \lambda_5 = \frac{4}{5}\ell$	$f_5=\frac{v}{\lambda_5}=5\times\frac{v}{4\ell}$

PART4

動物や昆虫には物理があふれている

01 ムササビやモモンガはどうして滑空できるんだろう？

「滑空」は、グライダーの飛行と同じで推進力なしで飛行することです。飛行するからには空中に浮いていなければなりません。**物を空中に浮かす力を「揚力」**といいます。ということは、**揚力には最低限、物の重さと釣り合うだけの力の大きさが必要**となります。釣り合っていれば、空中に浮遊していられます。落ちて来ないということです。

飛行機の場合、翼があって、それが揚力を発生させます。ただし、この揚力は飛行機の速度の2乗に比例するため、飛行機が動かなければ発生しないものです。そのため飛行機が空港を飛び立つとき、滑走して飛び上がれるほどの揚力を発生させます。揚力は飛行機の重量より大きくないと上昇できません。エンジンの推進力で重量以上の揚力を発生する速度まで飛行機を加速します。このときの揚力は推進力の20倍くらいになります。つまり、翼は水平方向の力である推進力を垂直方向の力（揚力）に変換してさらに増幅する装置だといえます。

ムササビやモモンガを見てみましょう。彼らのエンジンは地球の重力です。**「エネルギー保存則」**から、高いところにある**「位置エネルギー」**を、飛び降りることによって**「運動エネルギー」**に変換して速度を得るわけです。

このとき、前脚と後脚の間にある膜を使って揚力を発生させます**（図1）**。空気の流れを、膜のカーブで曲げることによって反力が揚力に変わります。もちろん、空気抵抗もかかります。揚力と抗力の比を**「揚抗比」（図2）**といいます。

揚抗比が1なら、揚力と抗力が同じ大きさになります。このときの**飛行経路は、水平線から角度が45°下向き**です。

揚抗比が1より大きいと、その角度は小さくなり、同じ高さから飛び立つとすれば、さらに遠くまで飛べます。ムササビやモモンガは、膜の張り方や尻尾によって方向や角度をコントロールし、目的のところまで飛んでいくわけです。まさに生きたハングライダーのような動物ですね。

図1　ムササビやモモンガの揚力

ムササビやモモンガは樹上に止まっているときの位置エネルギーを、飛び降りるときに運動エネルギーに変換して滑空速度を得る。

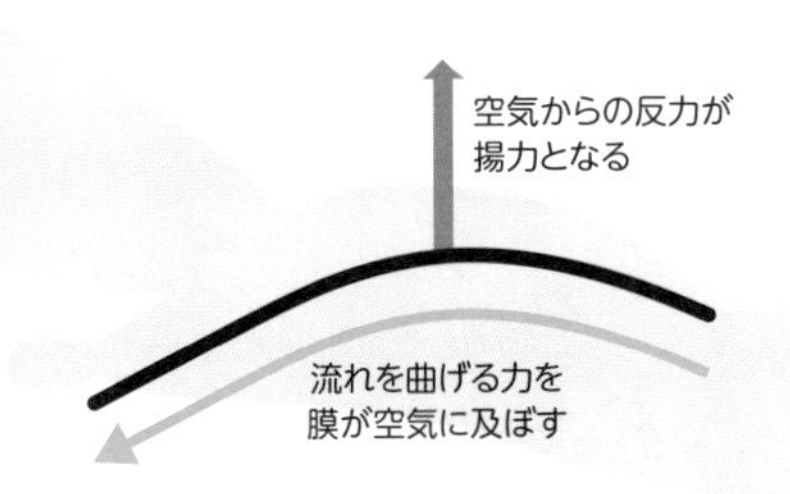

ムササビの愛称は「空飛ぶ座布団」、モモンガは「空飛ぶハンカチ」。ムササビは国内のリスの仲間では最大種、モモンガは顔の大きさに比べて目が大きい。
ムササビは齧歯類のリス亜科ムササビ属で8種類。南アジア・東南アジア・東アジアに生息し、日本の種は「ホオジロムササビ」で本州・四国・九州などに分布。頭胴長27～49㎝・尾長28～41㎝・体重700～1500g。
モモンガはリス亜科モモンガ族で、15属に分けられ45種とされる。日本の種は「ニホンモモンガ」、頭胴長14～20㎝・尾長10～14㎝・体重150～220g。

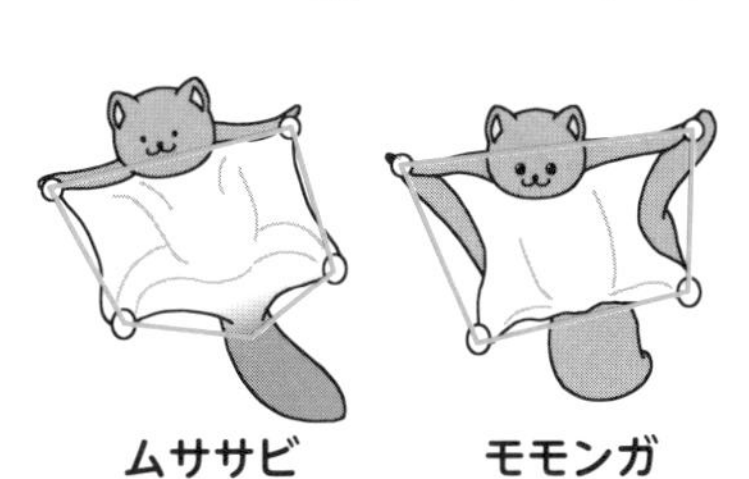

図2　揚抗比の大きさが飛行距離を決める

揚力と抗力の比を揚抗比というが、この揚抗比が1より大きくなると下向き角度が小さくなり、同じ樹上から飛ぶと飛行距離は伸びる。

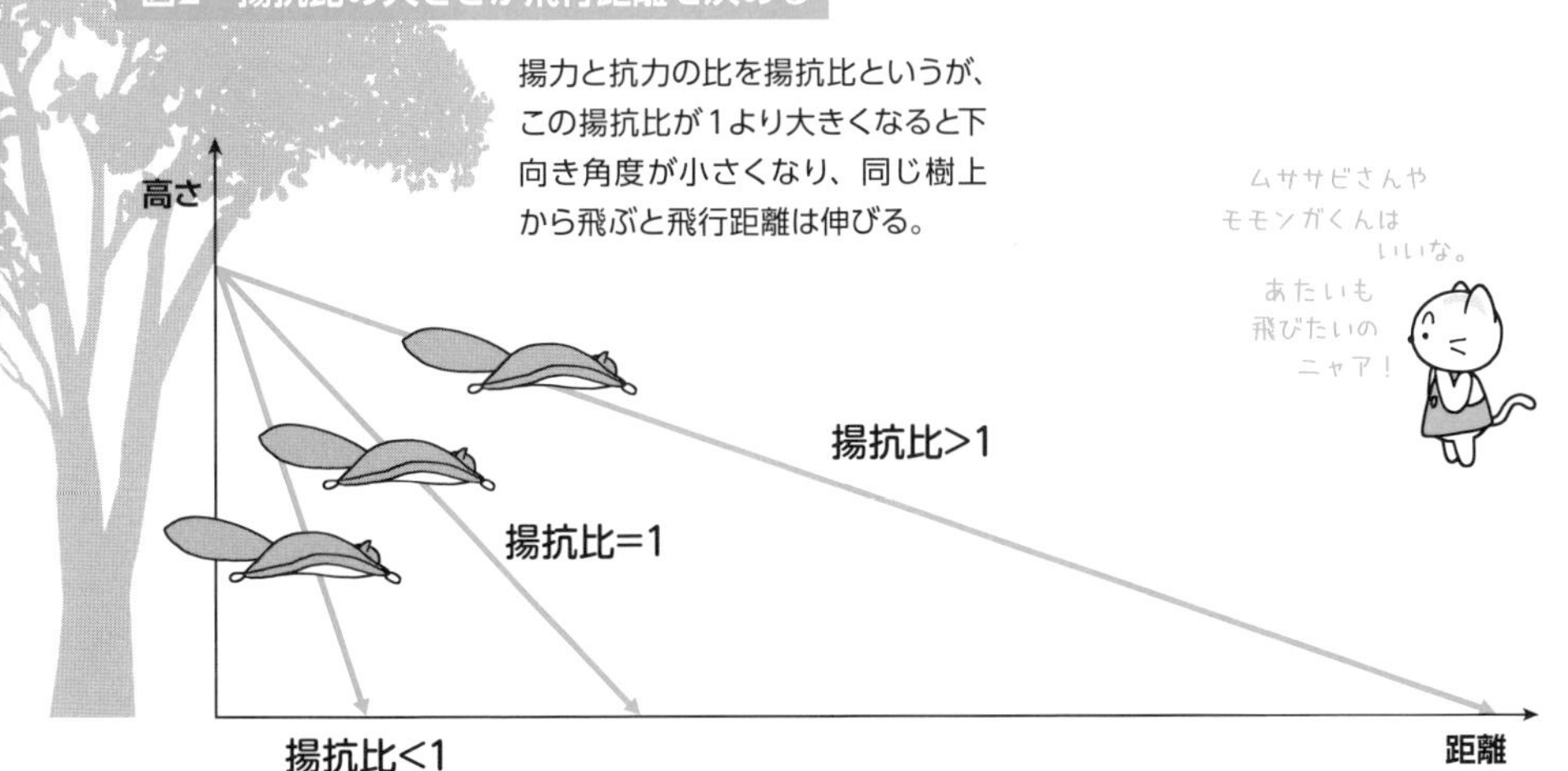

02 サルはどうして木々の間を跳び回れるんだろう？

枝にぶら下がってある速度で体を揺らし、ある角度のときに手を放して跳んでいくことを考えてみましょう。

まず、枝につかまって振り子のようにぶらぶらと揺れるときのサルを直径0・2m、重心までの距離を0・7m、長さ1・4mの円柱に置き換えて**（図1）**周期を求めると、1・9秒ほどになります。

そこで、水平につかまって角度45°になったとき、手を放して跳ぶとしたら、どこまで跳べるのかを、図2の式を使って計算してみます。

手を放す瞬間の速度UはU＝3・1m／sで、跳び出し角度45°です。**ある角度で跳び出した物体は、空気抵抗を無視すれば放物運動する**ので跳び出した位置からの最高点hは0・25m、水平距離xは0・98mとなります。

もっと遠くへ跳びたいのであれば、直接枝につかまらずに垂れ下がった蔓（つる）にぶら下がって、振り子運動で跳ぶということになります。

たとえば、サルが2mの蔓にぶら下がり、さっきと同じ条件で跳ぶとすると、U＝5・3m／sとなって、最高点はh＝0・72m、水平距離はx＝2・9mとなります。高さや距離が伸びるわけですね。

ただし、サルが蔓にぶら下がるというのは考えにくい。そこで、遠くへ跳んでいくために彼らが編み出したのは、水平に枝にぶら下がって次の枝へ跳んでいくこと。こうした跳び方をすれば、**前の枝から飛び出したときと同じ大きさの初速U_{next}が加わるので、枝を渡るたびに加速していく**という好結果を得られたのです。サルは、もしかしたら物理学の天才？なのかもしれませんね。

図1 サルを円柱に置き換えて周期を計算

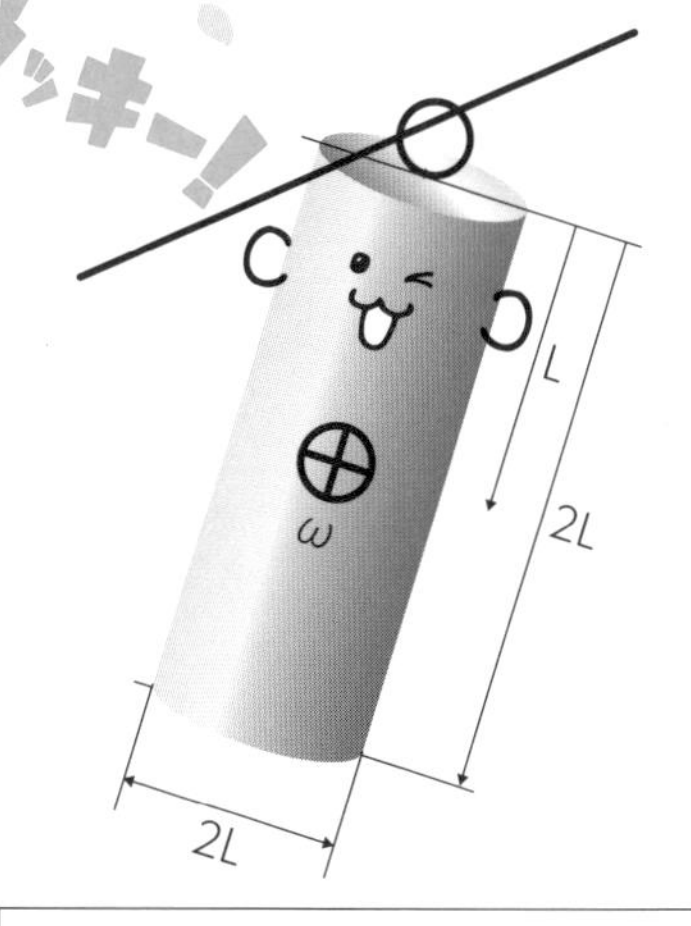

円柱先端で揺れる周期Tは、

$$T = 2\pi\sqrt{\frac{I}{MgL}}$$

この揺れをする円柱の慣性モーメントは

$$I = \frac{M}{4}\left(\frac{D^2}{4}+\frac{4L^2}{3}\right) + ML^2$$

これをTに代入すると、結局周期は円柱の寸法だけで下に示す式で計算できる。

$$\therefore T = 2\pi\sqrt{\frac{\frac{D^2}{16}+\frac{4L^2}{3}}{gL}}$$

記号の説明
M:重心にかかる質量　L:回転中心から重心までの距離
D:円柱直径　2L:円柱の長さ
T:ぶら下がったまま揺れる1周期の時間

おサルさんって
枝から枝へ跳んでいくんだ。
あたいだって跳べるんだニャア!

やめとけやめとけ。
ネコっこは後ろ脚のジャンプ力があるから跳べるんじゃが、枝に頭をぶつけて泣くのことがないよう気をつけるんだ　ワン。

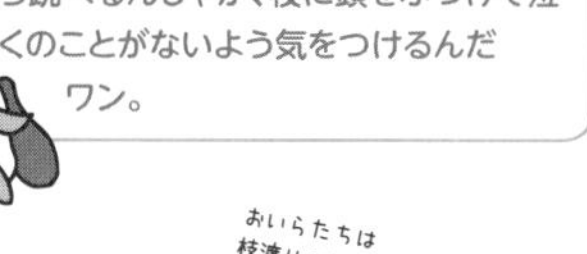

図2 サルがどこまで跳べるかの計算式

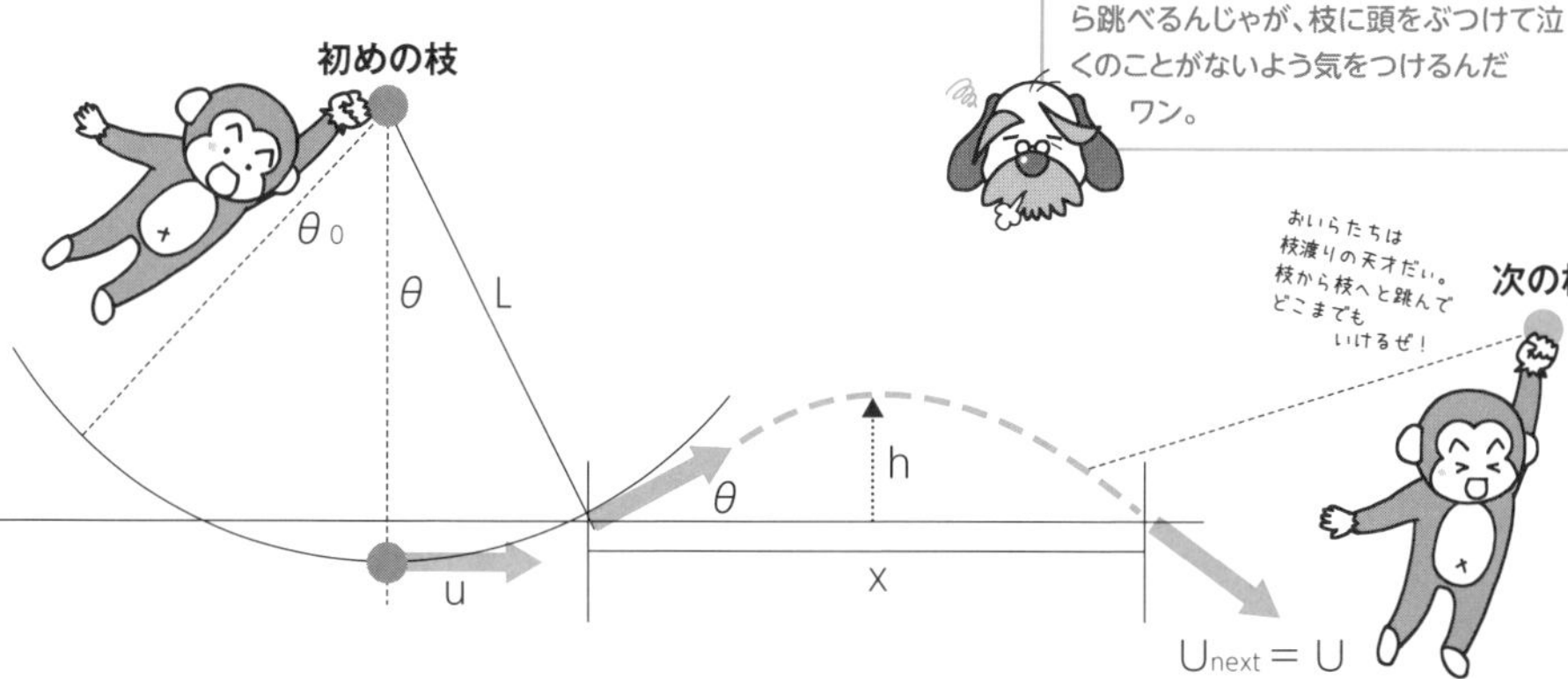

$$U = \sqrt{2gL(\cos\theta - \cos\theta_0)} \quad u = \sqrt{2gL(1 - \cos\theta_0)} \quad h = \frac{(U\ \sin\ \theta^2)}{2g} \quad x = \frac{U^2}{g}\sin 2\theta$$

記号の説明
θ:飛び出し角度　θ_0:最初の枝につかまった時の初期角度
L:腕で枝につかまってぶら下がったときの重心までの距離
U:飛び出し速度　g:重力加速度　h:放物運動で達する最高高さ
X:放物運動で達する水平距離

03

昆虫はどんなテクニックで空中を飛ぶんだろう？

私たちは運動量の時間変化が力になることを知っています。このことから、昆虫の飛翔力を考えてみましょう。

翅で押しのけた空気の質量に、押しのけた速度を掛けると翅が空気に与えた運動量の変化を求めることができます。**空気の運動量の変化を与えたのは翅の力ですから、空気から反力として翅に同じ大きさの力がかかります。**これが羽ばたきの振り下ろしで得られる**「揚力」**となるわけです。

では、昆虫のモデルとして、翅の形を長方形とし、この長方形の板の短いほうの1辺を中心に4分の1回転させて、羽ばたきの振り下ろしを模擬してみましょう（**図1**）。

このとき、板が押しのけた空気の体積は、**同じ面積であれば長方形の高さbが高いほど押しのける空気の体積は大きい**ことがわかります。つまり、**「翅が空気に与えた運動量変化は空気の排除堆積に比例する」**、すなわち**「同じ面積であれば翅の長さ（スパン）bに比例する」**となり、それが反力として翅に作用する揚力というわけです。ということは、同じ面積の翅なら、トンボの翅のような縦長の翅のほうが大きな揚力を得られることになるのです。

また、羽ばたく翅の形状としては、**同じ面積なら回転軸から図心（均一密度なら重心と一致）が離れているほうが排除体積は大きくなり**ます。頂点を回転軸に接した高さbの三角形なら軸から図心までの距離は2b／3です。そうすると、長方形のb／2より回転軸からは遠いため、**同じ面積の長方形に比べて三角形のほうが多くの空気を排除でき、大きな揚力を得られる**わけです。蝶の翅は、その摂理に従って三角形ですね。

羽ばたきでは往復運動なので、翅を上に打ち上げるときと下に打ち下げるときとで、翅の向きを変えるか、上下運動の軌道を変えるかして差をつけ、上向きの力（揚力）を得ます。羽ばたきの振幅が小さいときには、羽ばたき回数を増やし、単位時間当たりの排除体積を増やして飛んでいるのです。

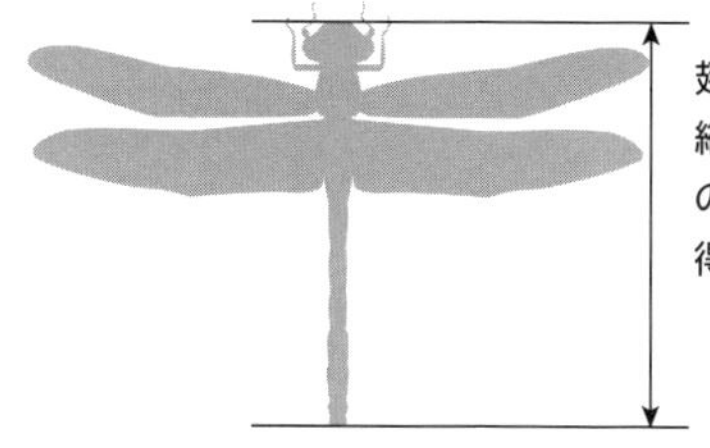

翅の面積が同じなら、縦長の翅を持つトンボのほうが揚力を大きく得られる。

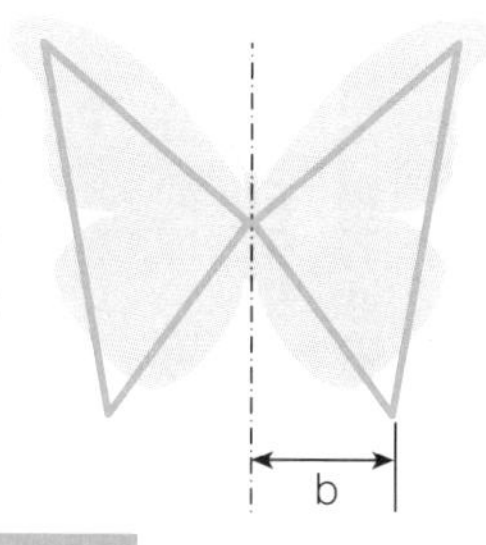

翅を羽ばたかせる形状としては、同じ面積なら蝶の翅のように三角形のほうが羽ばたきでたくさんの空気を排除できるため大きな揚力を得られる。

図1　羽ばたきの振り下ろし

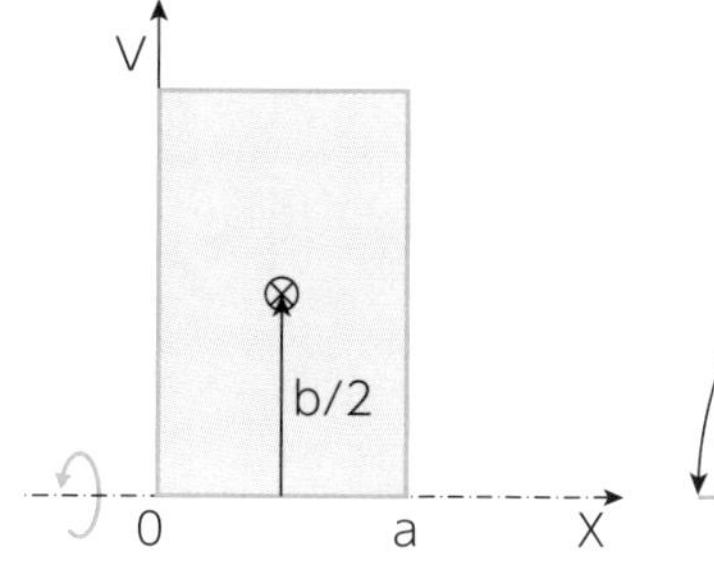

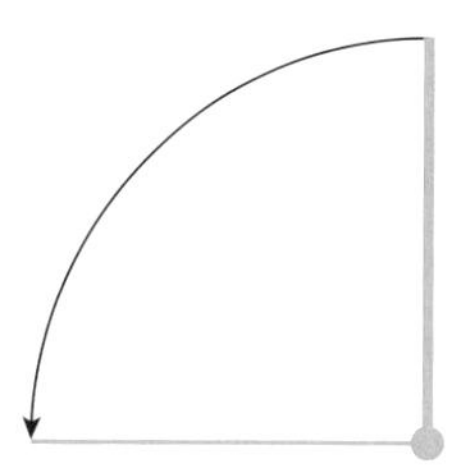

回転軸に対して長いほうが羽ばたきで動かせる空気の量が多くなる。同じ団扇で、柄が短いものと長いものを比較したとき、長い柄のほうが回転軸より重心位置が遠いため動かせる空気量は多くなる。同様の理屈で、同じ面積なら回転軸より重心の遠い、頂点を回転軸とする三角形のほうが長方形より動かせる空気量は多い。

面積S＝a×bの長方形板を90°回転したときの体積Vは、

$$V=\frac{1}{4}\pi ab^2=\frac{1}{4}\pi Sb$$

x軸を回転の中心としたときの質量Mの板の慣性モーメントIは、

$$I=\frac{1}{3}M\left(\frac{b}{2}\right)^2+M\left(\frac{b}{2}\right)^2=\frac{4}{3}M\left(\frac{b}{2}\right)^2$$

運動量変化は力積（$F\times\Delta t$）なので、回転によって板にかかる力Fは、

$$F=mv=\rho\frac{1}{4}\pi Sbv$$

Sbvのv：重心の速度

04

ミツバチはどんな能力を使って方向を知るんだろう？

オーストリアの動物行動学者フリッシュ（Karl von Frisch）が1962年に、ミツバチが3つの方法で方向を認識することを見つけました。太陽、青空の偏光パターンと地球の磁場を使うものです。**太陽をメインのコンパスに、曇り空では偏光パターン、暗い蜂の巣の中では磁場の情報を利用**します。

大気中で散乱した光は、太陽との直角方向から、そこと直交する方向に偏光された青の散乱光が注ぎます**（図1）**。天球上の偏光パターンがわかれば、たとえ太陽が見えなくても太陽の位置を知ることができます。**ミツバチは人間と違って紫外線が見えるので、紫や紫外線の、より強い散乱光を見ることができる**のです。そんな特殊な能力を持っているために空の偏光パターンを知ることができるのでしょう。

特殊な能力とは、**偏光を見るための複眼を構成しているレンズユニット**それぞれにある**UV受容体や偏光感受性ニューロンを持つこと**、加えてこれらのユニットそれぞれで**異なる方向に向けられたUVフィルター**によって、偏光パターンを検出できる力です。

ミツバチは3つの異なる内部時計を持っています。朝の餌探しで見つけた餌場への方向と太陽の位置により、午後にも同じ場所に飛ぶことができます。

また、仲間に蜜や花粉がある場所、水源や新しい巣の予定地を伝えるため、ミツバチは「8の字ダンス」をします。情報を伝えようとするときには、一定の距離、尻を振りながら飛び進み、半円を描いて開始点に戻ってきて、ふたたびダンスをはじめるのです。

飛翔の**直線情報には、食物源の方向と距離が含まれ**ています。直線と鉛直線との角度は、太陽の位置に対する飛行方向の角度を示しています。食料源までの距離は、直線の移動にかかる時間によって表され、**尻振りダンス1秒は距離約1㎞です（図2）**。

仲間のミツバチは、踊っているミツバチに接触し、その動きを再現することで情報をとり入れます。また、食物源（食物の種類、花粉、プロポリス、水）とその特定の特徴について、嗅覚を介して情報を受けとります。

「山椒は小粒でもぴりりと辛い」ということわざがありますが、ミツバチも「体は小さくても才は高い」というところでしょうか。

へぇー！
ミツバチさんはたくさんの目で餌場を探知して、ダンスでのスキンシップで情報交換するんだニャア。

フムフム。わしらは耳、鼻やひげなど体を使って情報交換するがのう。最近の人間はスマホで情報交換するから、みんな画面しか見とらんのじゃワン。

図1 ミツバチが方向を知る方法

太陽の光は大気中で散乱し、太陽に向かって直角の方向と直交する方向へ偏光（電界や磁界の振動方向が規則的な光なこと）した青の散乱光が注ぐ。ミツバチは紫や紫外線の強い散乱光が見えるため、位置と方向がわかる。

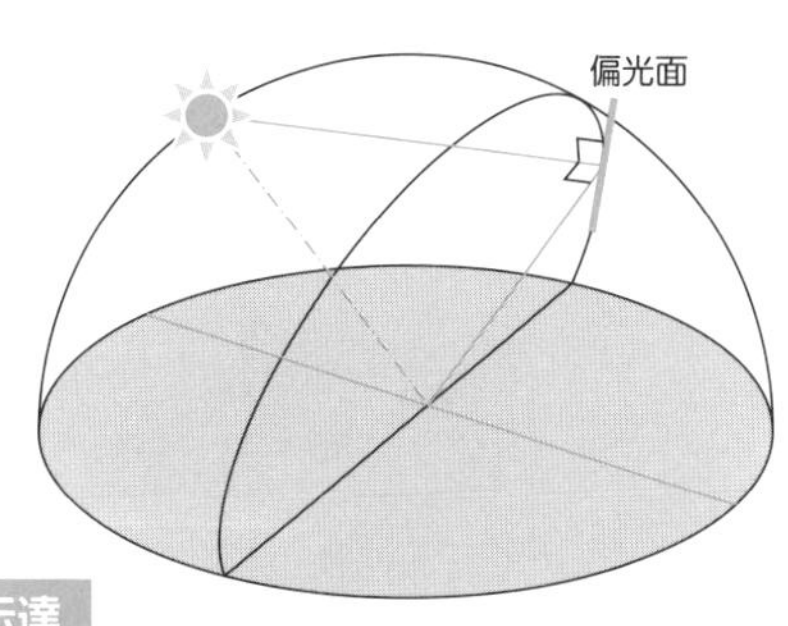

図2 ミツバチは8の字ダンスで情報を仲間に伝達

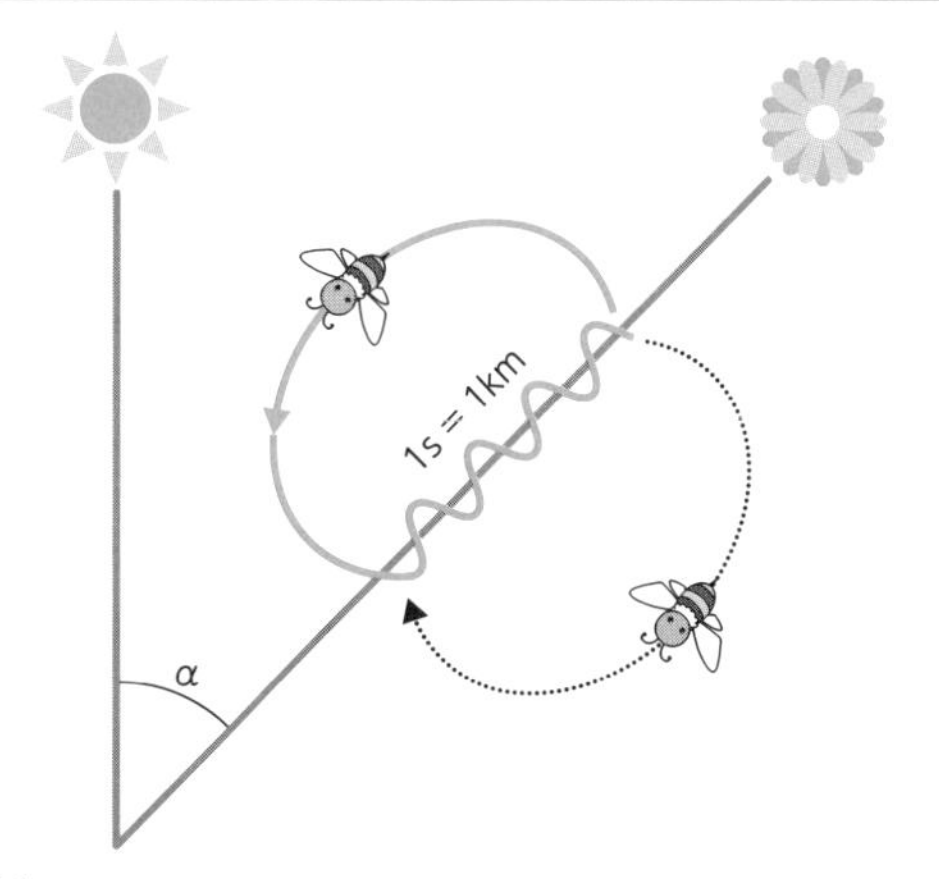

図はミツバチが巣の中で踊る「8の字ダンス」を示す。このダンスは太陽へ垂直線上に向かって45°の方向に食料源があることを伝達している。食料源までは尻振りダンス1秒が直線距離約1㎞で、おおよその方向と到達までの時間を共有する。

05

アメンボはどうして水の上を歩けるんだろう?

子どものころにアメンボがスイスイと水の上を進んでいるのを見て、不思議に思った記憶が蘇る方もいるかもしれません。どうして水面で自在に動き回れるのでしょう?

さて、そのアメンボの体重は40㎎です。これを水面で6本の脚で支えている。1本当たり約6・7㎎の体重を分担しているんですね(図1)。

水面に浮かぶためには船のような浮力という上向きの力が考えられますが、**アメンボは水平の表面張力を上向きにするため水面をくぼませて**います。沈まないのは、水面に接する脚を撥水性にしているからです。脚を細い剛毛で覆い、剛毛と剛毛の間に空気をため込んで**脚と水の間に空気層をつくっています**。この**空気層が水を弾き侵入を防いでいる**わけです(**図2**)。

撥水性が重要なのは、**水と接触した部分のメニスカス(ガラス管内の水柱の水面が、周囲のガラスにへばりつくように水面より高くなっている部分)が接触部分にめり込むような曲率となる**からです(**図3**)。これによって表面張力を上向きにします。上向きの力は、脚1本当たり28㎎ですから6本では168㎎となり、体重の約4倍もの力を生むわけです。なぜそんな力を持つようになったのかは、著者の実験の結果、交尾の際に乗っかられても沈まないためだと考えています。

水面を進むためには3対の脚のうち真ん中の長い脚をつかい、くぼんだ水面をあたかも壁であるかのように瞬間的に押し(**撃力**)、くぼんだ水面からの反力をもらって推進力とします。円弧を描くように水面を蹴った証拠には、ボートのオールを掻いたときにできる渦とは逆方向に回転する渦ができています。アメンボが水面をスィーっと進

わからないニャ?

む光景は、のんびりと、なんだか平穏を感じさせてくれるようです。

図1　アメンボの脚が水を弾く

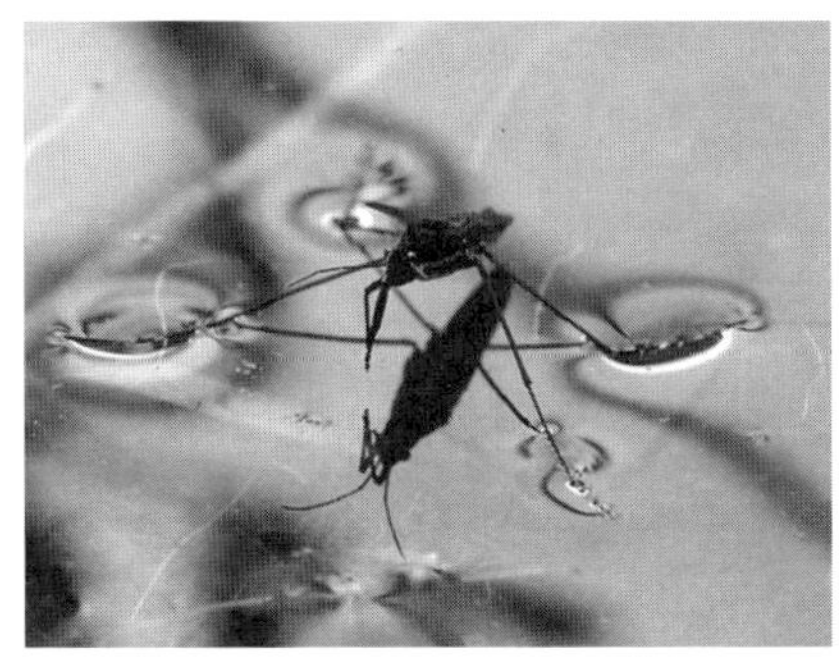

資料:クボタのたんぼHP

物体―水―空気の接触点の水と物体の角度を接触角という。接触角が90°より小さい場合の物体の性質は浸水性、90°より大きいが撥水性。水面に円柱を置いたとき円柱が親水性なら表面張力が下向きに作用するので、どんな重さのものでも沈むが、撥水性なら表面張力は上向きに作用するため、その力が円柱の重さより大きければ浮く。

図3　水と接触した部分のメニスカス

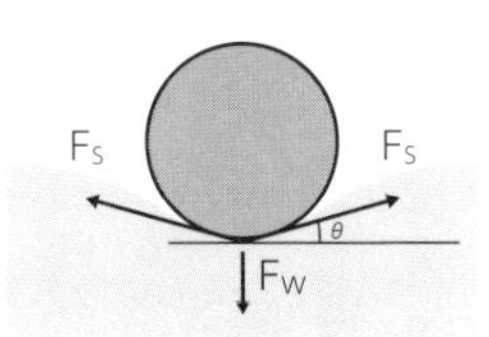

矢印の長さの関係

$$F_W = 2F_s \sin\theta$$

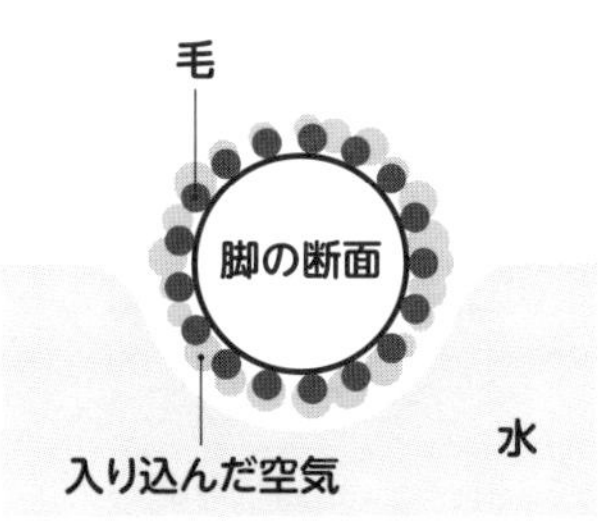

図2　アメンボの脚の剛毛と断面図

アメンボは脚を細い剛毛で覆い、剛毛と剛毛の間に空気をため込んで脚と水の間に空気層をつくっている。この空気層が水を弾くことで沈むのを防ぐ。また、アメンボは体から油を出して脚先の剛毛に染み込ませてもいる。この油でより強く水を弾いているので、油をとってしまうとうまく浮かべない。

アメンボが水面を脚で蹴ってできる渦

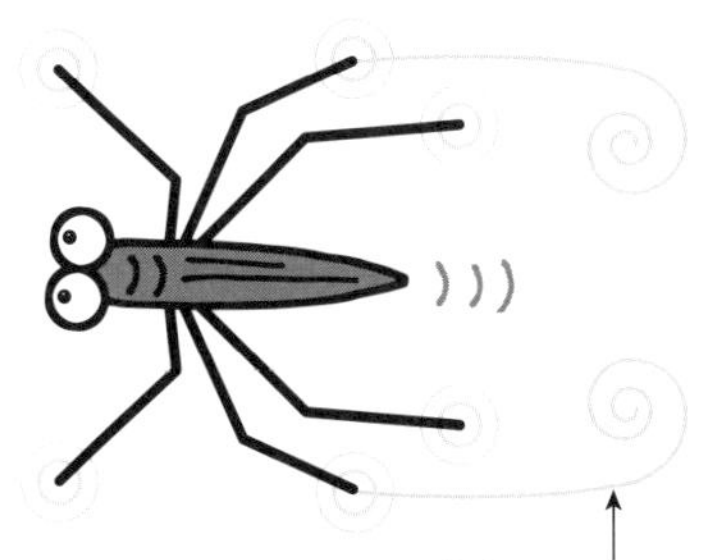

アメンボが水面を脚で蹴ったあとにはこの方向に回転する渦が観測できる。水を押した証拠だ。

アメンボさんて、忍者だニャア・・・

06 蛾の能力が新技術のヒントになるってどうしてなんだろう？

蝶も蛾も鱗翅目に分類されています。おおざっぱな言い方をすれば、蝶は昼行性、蛾は夜行性だといえます。このため、感覚器官である触覚と眼に違いが見られます。触覚は、蝶は棍棒状、蛾は櫛状で、見た目の違いがあります（**図1**）。

ところで、この項の中心テーマは蛾です。蛾の触覚で検出するのは「匂い」です。昆虫の触覚は鼻に相当するからです。嗅覚にすぐれたオスの蛾は同種のメスの匂い（性フェロモン）を嗅ぎつけ、遠く離れたところにいるメスにたどり着かなければなりません。大概の**蛾は夜行性ですから、メスを探すのに視覚より嗅覚を使い**ます。そのためか昼行性の蝶の触覚より大きく、触覚は櫛状に毛状突起が生え、かつ毛状感覚子も生えていて、**それぞれに嗅孔（微小な穴）が開いています。そこから放出される性ホルモンはボンビコール：$C_{16}H_{30}O$）がとり込まれ、嗅覚受容細胞に結合**します。そうして、**メスの匂い情報が脳に伝わり、性ホルモンの存在をキャッチする**わけです。

ただし、この情報はメスがどこかにいるというだけなので、匂いを発するメスがどこにいるかを突き止めなければなりません。ところが蛾は、風上に直接向かうのではなく、風に対して角度を持って横切ることを繰り返し、ジグザグに風上に向かいます。あたかも円の中心を探すように、弦の二等分線で中心を求めるのに似ています。こうした蛾の触覚をそのまま回路に組み込んだセンサーを搭載したロボットの開発や、蛾に回路をとり付けてフェロモンを追うロボット「サイボーグ昆虫」も開発したといいます（**図2**）。

また、夜行性である蛾の複眼の表面にはナノレ

わからないニャ？

ベルの突起が並んでいます。入ってくる光を表面で反射させず、効率よく内部に取り込む構造となっているため、ここにヒントを得て反射防止の窓ガラスに張るフィルムが開発されました。いまや昆虫や微生物は、新たな技術の開発に重要な役割を果たす存在になりつつあるようです。

図2 カイコガの幼虫と成虫

カイコガの幼虫の精密な脳の神経回路モデルをスーパーコンピュータに再現。幼虫はカイコと呼ぶのが一般的。幼虫は桑の葉を食べて成長し、糸を分泌して繭をつくり、その中で蛹（さなぎ）になる。繭の糸は絹糸。カイコは人間が家畜化し、野生では生息できなくなった昆虫。成虫には翅があるものの、大きい体であることと飛ぶのに必要な筋肉が退化しているため羽ばたけても飛翔できない。

資料：左はWikipedia public domain、右は東京農工大学

図1 蛾と蝶の触覚の違い

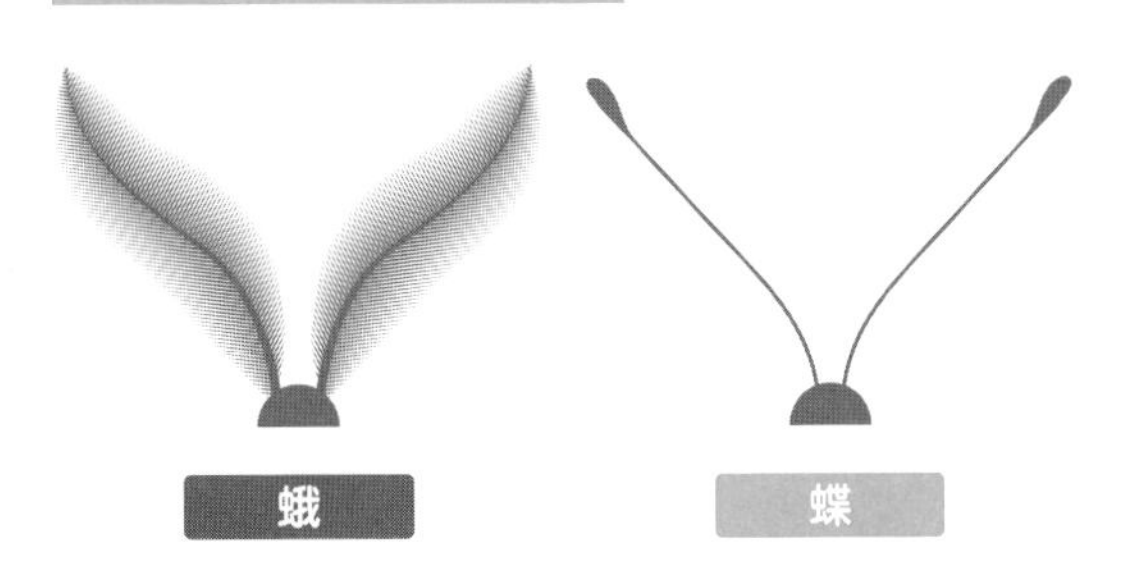

蛾の触覚は櫛状または櫛歯状になっているものが多く（オスのみ）、蝶の触覚はセセリチョウの仲間以外、先端が膨らんでいる。

カイコさんは絹をつくるだけじゃなくて、匂いを検出する能力もすごいんだニャア。

匂いの源を探す方法は、こうしたロボットを使って探査技術に応用されるくらいハイテクなんだワン。

07 クモの糸っていったいどれくらい強いんだろう？

一見、姿態からか嫌われることの多いクモですが、その特殊な能力は大したものです。まず、クモの巣（網）ですが、これはいくつかの異なる性質の糸でつくられています**（図1）**。網の外周（枠糸）と放射状の縦糸は、全体の形を維持するのに重要な構造材として使われています。縦糸につないで網をつくっているのは横糸と呼ばれて粘液の粒々が付着しており、その横糸に獲物をくっつけて捕らえます。

獲物が暴れても切れないように横糸には伸縮性があります。そのほかにも獲物をぐるぐる巻くときの糸や、卵を包む糸、ぶら下がる糸などがあって、それぞれ特性が異なります。

クモの糸は「スピドロイン」というタンパク質でできています**（図2）**。そして、グリシン・プロリン・グルタミンが結合した伸縮性のブロックと、アミノ酸の一種のアラニンが多く連結したポリアラニンによって構成される硬い結晶ブロックとが、交互につながった構造です。硬い糸は、この結晶ブロックが高い割合で含まれています。

カイコの糸（絹）も、クモの糸と同様に「フィブロイン」と呼ばれるタンパク質の繊維です。スピドロインとは含まれるアミノ酸の割合が異なりますが、いずれにも含んでいるグリシンやアラニンはコラーゲンの材料になるなど、美容や健康食品に使われます。生物由来のタンパク質で水に溶ける生分解性なので、傷の治療で生分解性包帯、薬物送達担体、細胞と組織の成長など、再生医療、生体医療分野への応用が期待される材料です。

クモの網の枠糸の強さは、破断強度1.1GPa（ギガパスカル）、ヤング率10GPaです。破断強度だけ見れば、鋼鉄の1.5GPaに匹敵し、ケブラーの3.6GPaの3分の1の強さです（**図3**）。

枠糸や牽引糸は、クモがぶら下がってもくるくると回転しない構造となっていることが最近わかってきました。また、クモ体内にあるときはタンパク質が溶融した液体ですが、糸いぼにある吐糸管から吸気中に出ると固体化します。それを真似て**人工的にクモの糸ができれば、強度が要求される防具やパラシュートの素材となり、航空産業で使用される複合材料や工業用ケーブルへの応用も考えられて**います。

まさに、「クモの糸、恐るべし」ですね。

図1 異なる性質の糸でつくられているクモの巣

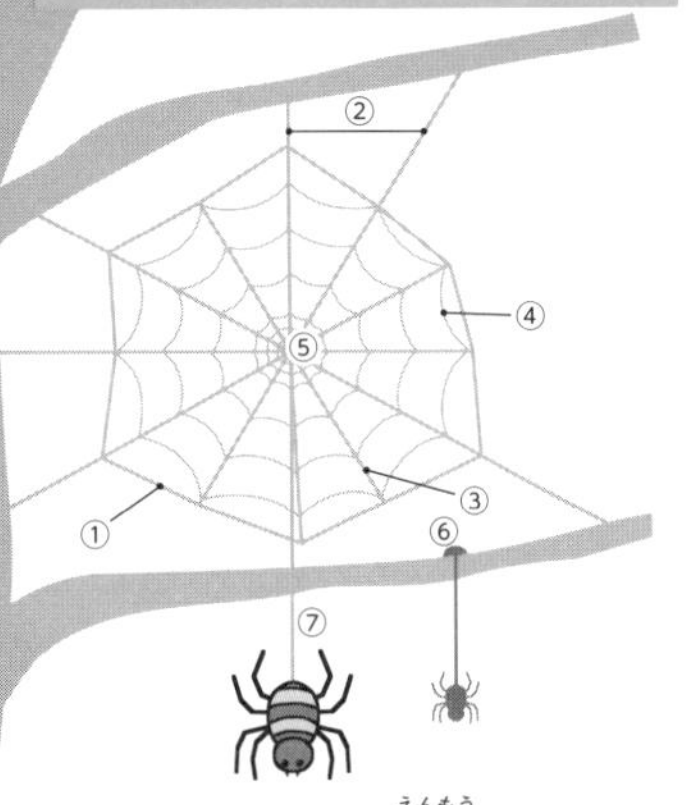

クモが張る代表的な円網

①	枠糸	⑤	こしき
②	係留糸	⑥	付着盤
③	縦糸	⑦	牽引糸
④	横糸		

図2 スピドロインの構造

タンパク質スピドロインは、グリシンやプロリン、グルタミンが結合した塊と、アラニン（アミノ酸の一種）が多く連結したポリアラニンによる硬い結晶の塊が交互につながった構造になっている。

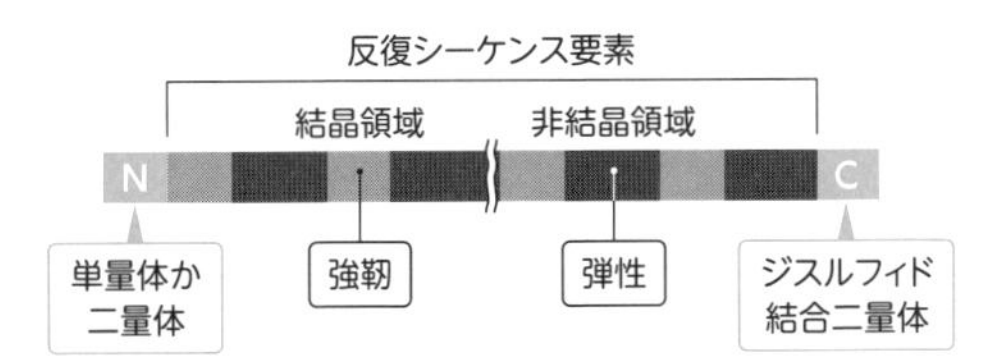

図3 クモの糸とほかの素材との比較

	ヤング率（弾性率）GPa	破断強度GPa	破断伸び%	タフネスMJ/㎥
クモの網枠糸・牽引糸	10	1.1	27	180
クモの網横糸	0.003	0.5	270	150
カイコの糸絹	7	0.6	18	70
ミノムシの糸	28	2.0	32	364
鋼	200	1.5	0.8	6
ポリウレタン	0.001	0.002	15	2
炭素繊維	300	4	1.3	25
ナイロン	5	0.95	18	80
ウール（温度100%）	0.5	0.2	50	60
ケブラー	130	3.6	2.7	50

08 コガネムシはどうして金色に発色するんだろう？

コガネムシ科の甲虫には、コガネムシをはじめ、カブトムシやカナブンなどが属しています。コガネムシは緑色の金属光沢をしたものが多く、中には名前の通り金色に輝く仲間もいます。カナブンにも緑の金属光沢するものがいて、コガネムシとよく間違えられます。コガネムシは固い前翅（ぜんし）を開いて飛びますが、カナブンは前肢を閉じ、後翅（こうし）だけを羽ばたかせて飛びます。

人は物体の色を、物体表面から反射してくる光に含まれる波長成分を目で見て脳で知覚します（**図1**）。物体の表面材質によっては、物体内に吸収されるほか、透過する光の波長成分が異なります。吸収、透過されなかった波長成分が反射して、人の目に飛び込んできます。物体表面が鏡のようになっていれば、すべての成分は人が見る方向に反射しますから、どの方向からも鏡面反射した光の情報が見えます。

たとえば、白紙でもすべての波長成分が反射するのですが、**紙表面の細かな凹凸により全部の反射方向が混ざり合って（乱反射）飛んでくるため白く見えます。**

葉っぱなら緑の波長以外の波長が吸収され、見える色は緑になります。ただし、葉っぱ表面による乱反射によって輝く緑には見えませんが、表面のクチクラ層のワックス成分が凹凸を滑らかにすると、乱反射がいくぶん抑えられ、光沢のある緑として脳が知覚します。

コガネムシの場合は、見える色はメタリックな輝きの緑ですが、見る方向によっては違う色になります。これが葉っぱの緑と異なる点です。

緑色の金属光沢を見せるコガネムシ
資料：Wikipedia public domain

図1 光の反射で見える色は変わる

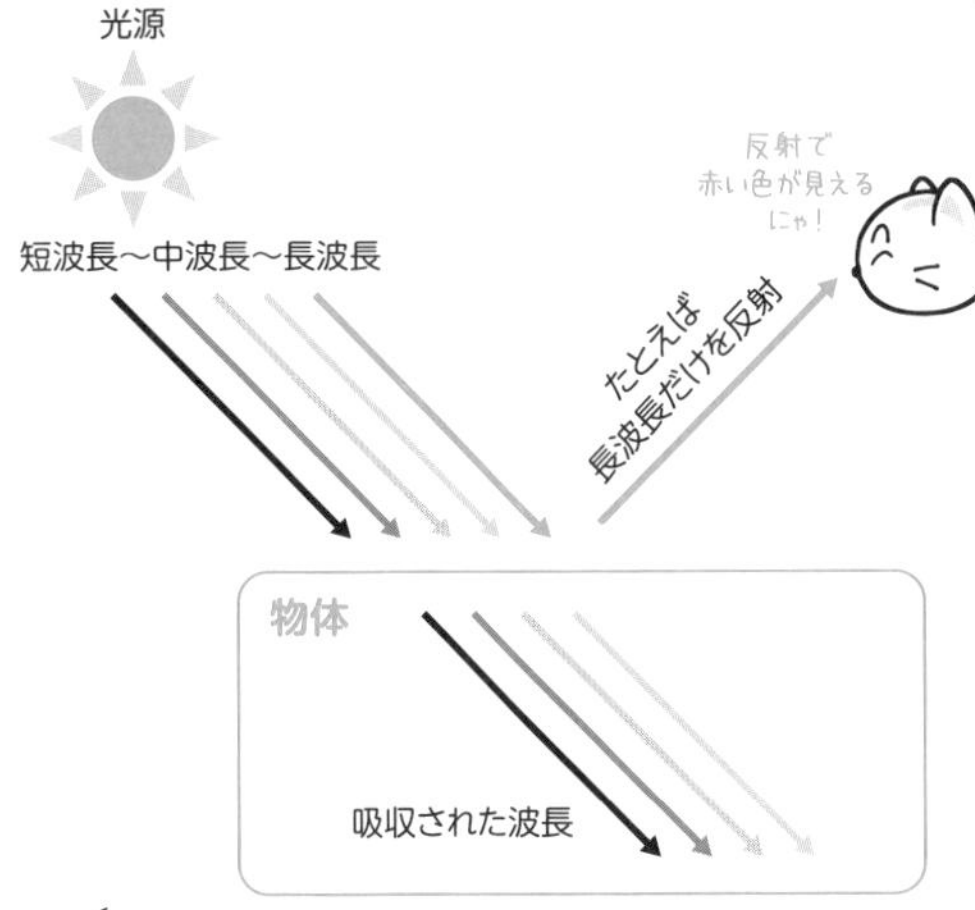

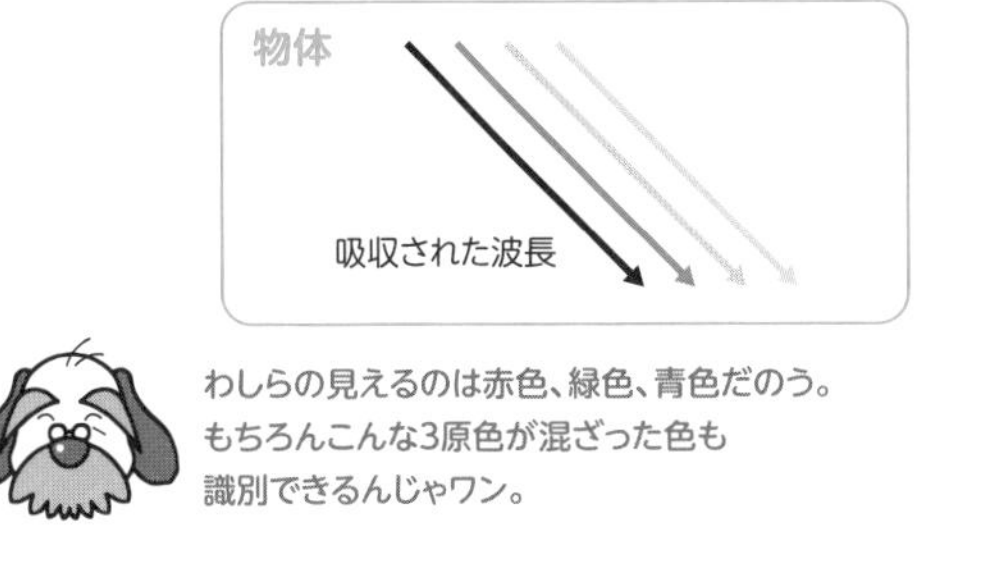

図2 液晶分子の配向とコレステリック液晶の螺旋構造

液晶分子の配合

コガネムシの体表の色は、表面構造に関連した構造色と呼ばれるものです。光の波長の300〜800nmと同じ大きさの構造が、光と干渉、回折、屈折、散乱して分光することで生じる色です。ですが、実際には**螺旋(らせん)状に配向されたコレステリック液晶の薄い層内で円偏光による選択的反射された光が干渉し、回折したことによる色**です**（図2）**。そのために見る角度によって異なる色として知覚されます。また、反射率が高いので光沢のある色として見えるのです。

金属の金は、青から紫にかけての色を吸収し、黄色から赤の色の反射率が高いために金色となります。銀は、ほぼすべての波長の色が高い反射率で鏡面反射するために銀色となります。ちなみに、太刀魚(たちうお)の銀色は、グアニンの盤上結晶の重なった構造を含む薄い層に入った光が干渉するために反射してくる構造色です。銀箔が付いているわけではありません。構造色とは、光があってはじめて見える色なので、そのものに色がついているわけではないのです。

09 渡り鳥が空気の薄い上空で呼吸できるのはどうしてなんだろう？

日本でよく知られている渡り鳥は、ハクチョウ、カモメ、カモ、ツグミ、ツル、ツバメなどでしょうか。そんな渡り鳥は空気の薄いかなり高所を飛んでいますが、その呼吸はどうなっているのかを考えてみましょう。

鳥類は、2つの小さくて硬い肺を持っています。そのため鳥の肺は膨張したり収縮したりできません。その代わりに**気嚢（きのう）と呼ばれる風船のような付属器官が9つ付いており、それらの器官が連携して肺に空気を送っています**。その器官を**「前気嚢」**と**「後気嚢」**に大きく分け、空気の流れを考えてみましょう**（図1）**。

空気を吸うときは、前気嚢と後気嚢が同時に膨らみ、前気嚢には肺の中のガス交換が終わった空気が吸い込まれ、後気嚢には新鮮な空気が吸い込まれます。吸われた空気の一部は肺の中にも入り、前気嚢の膨らみで肺の中を前気嚢に向かって古い空気を押し出すように流れます。

古い空気を吐き出すときは、前気嚢も後気嚢も同時に縮みます。その際、前気嚢内の古い空気は口から押し出され、後気嚢内の新鮮な空気は肺に押し出されます。その結果、**吸うときも吐くときも肺には常に新鮮な空気が、後気嚢側から前気嚢側に向かって一方向へ流れる**ことになります。つまり、空気は肺の中の気管を一方向に通過するわけです。

肺の中の気管に平行に接している血管内の血流は、気流の流れの方向とは逆に前気嚢側から後気嚢側に向かって流れています。それらに対向する流れによって、**効率的な酸素抽出と二酸化炭素排出が可能**になっているのです。こうした構造によって、渡り鳥は空気の薄い上空でも呼吸できるのですね。

これと同様の仕組みがマグロの体温調節にあって、希網(きもう)と呼ばれる冷たい動脈流と熱い静脈流が対向して接していて熱交換を効率的に行なっています。また、爬虫類も、鳥類と同様な呼吸器系であることがわかってきています（**図2**）。

鳥類も恐竜も、遥か昔は爬虫類に起源を持っているとのことですから、これらが同じような呼吸器系を持っていても不思議ではないですね。

図1　鳥類の呼吸器官の構造

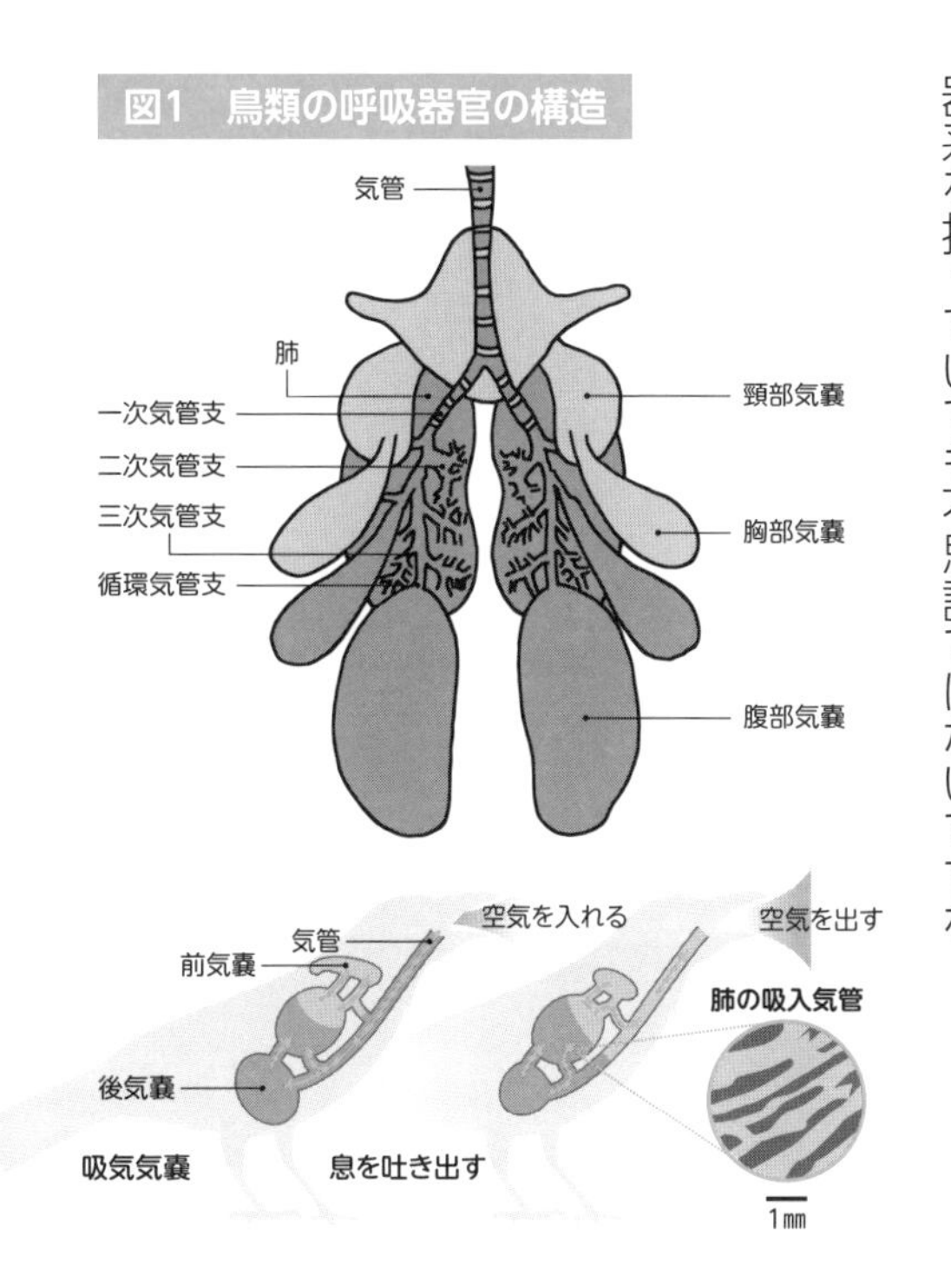

図2　両生類・哺乳類・爬虫類・鳥類の呼吸器官

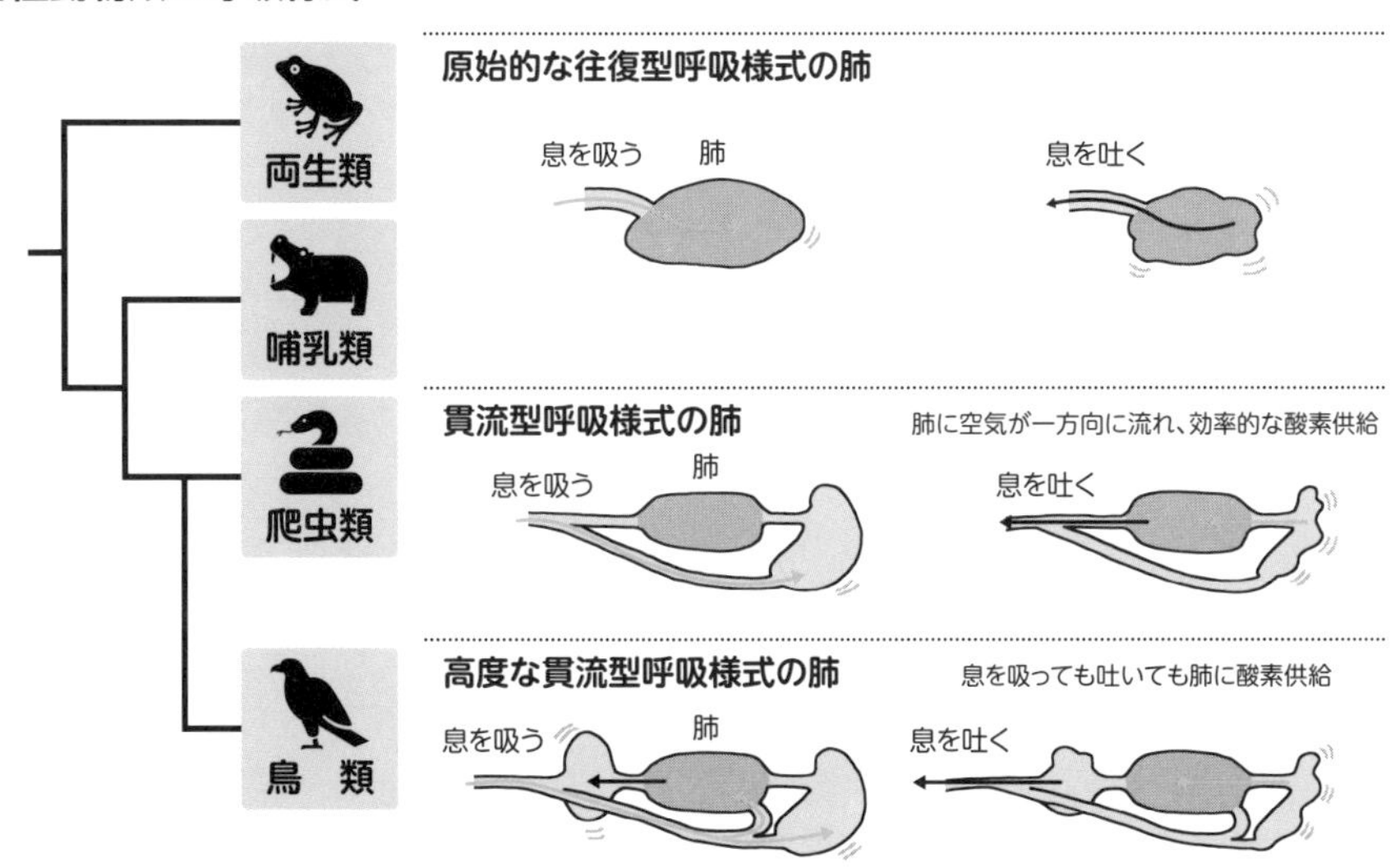

10 ウイルスはどんな拡大戦略で増殖するんだろう？

新型コロナウイルス感染症（COVID-19）は、全世界に蔓延してパンデミックを引き起こし、つぎつぎに変異株となって未だ収束に至っていません。そんなウイルスは、どんな拡大戦略をとっているのでしょうか？

人が感染症を引き起こすものにウイルス、微生物の細菌、真菌（カビ）があります（図1）。議論はありますが、ウイルスは自己増殖できないので「生物とはみなさない」粒子と考えます。コロナウイルスはタンパク質の殻（カプシド）の中にＲＮＡ（リボ核酸）が収まった構造体です。カプシドの外側に、さらに膜（エンベロープ）があり、スパイクと呼ばれるたんぱく質の突起が付いています。その**形状が王冠の突起に見えるので「コロナ」と呼ばれます。**

インフルエンザウイルスやヒト免疫不全ウイルス（ＨＩＶ）、２００３年のＳＡＲＳウイルス（重症急性呼吸器症候群）、２０１２年のＭＥＲＳウイルス（中東呼吸器症候群）なども同じ形をしているのでコロナウイルスです。２０２０年の１本鎖ＲＮＡを内包する新型ＳＡＲＳウイルスをSARS-CoV-2と呼んでいます。

スパイクタンパク質が宿主（しゅくしゅ）細胞の受容体（レセプター）に結合すると細胞膜が内側に窪み、その中にウイルスが包み込まれて窪みの穴が閉じ、細胞内にカプセル（小胞）にくるまれた状態で入り込みます（この過程をエンドサイトーシスという）。通常であれば、ウイルスは異物として細胞内で分解・排出されますが、コロナウイルスのように分解を回避する機能を持っていると、**細胞内にＲＮＡを放出し、宿主細胞にタンパク質やＲＮＡをコピーさせて増殖**します（図2）。増殖した

ウイルスは細胞内への侵入時と逆のプロセス（エキソサイトーシス）で細胞の外へ出ます。出たあと、範囲を拡大するために、くしゃみ、咳、鼻水といった症状を引き起こします。そうして飛沫が空気中にエアロゾルとして漂い、人が吸うことで鼻や目などの粘膜に付着し、感染者を拡大していきます。

光学顕微鏡でも見えないような大きさが100nm（1nm＝0.000001mm）程度のウイルスが、大きな宿主生物をいいように利用して拡大する戦略をとることに驚きます。**コロナウイルスは、本来、人以外のブタ、マウス、ニワトリ、七面鳥などが宿主生物なのですが、人にも感染するように変異した**のです。

人のDNA構成のうち、8％はレトロウィルス由来のものです。遥か昔に感染したことによって、**人のタンパク質合成にウイルスのタンパク質合成がかかわった**のです。その意味で、**人とウイルスは共生してきた**ともいえるのです。

図1 ウイルス・細菌・真菌の構造の違い

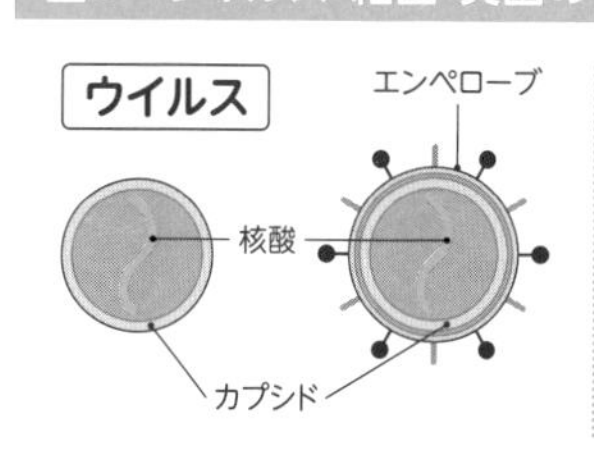

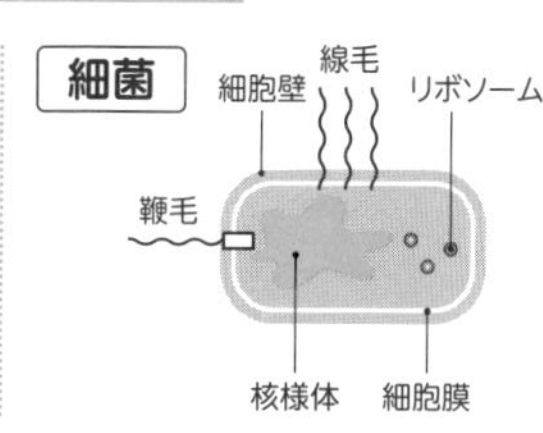

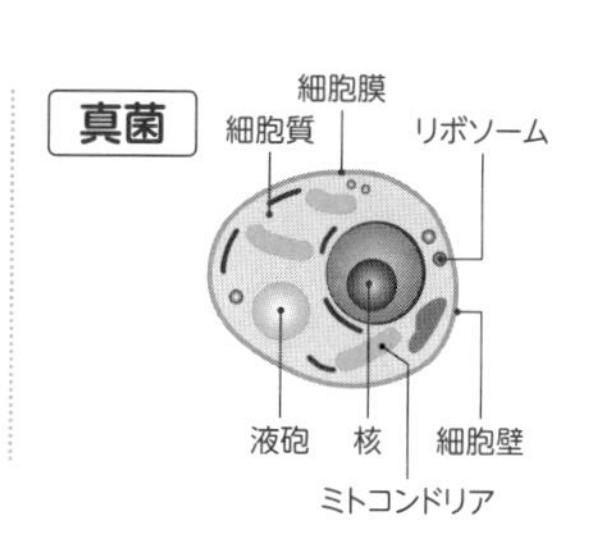

図2 ウイルスが細胞内に侵入して増殖する過程

ウイルスは単独での増殖はできない。生物の細胞内に侵入して増殖する。

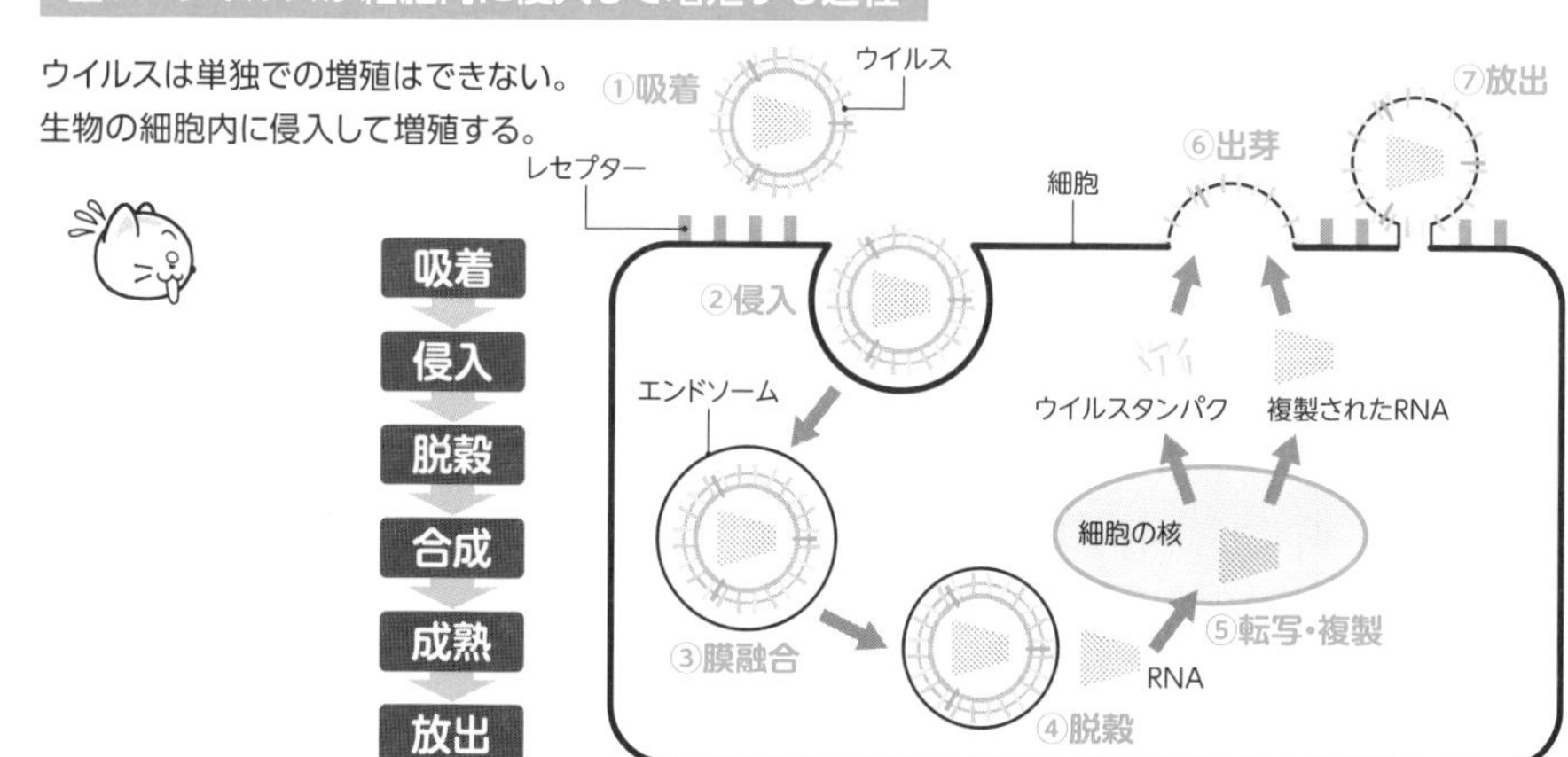

11

新型感染病の流行を数理モデル（SIRモデル）化すると？

新型コロナの流行は、人類の脆弱性を表したのでしょうか。仮にそうだと理解して、では、どのように感染症が広がっていくのかの予測値が出せれば、人の心に訴えかけて予防意識が醸成されるのかもしれません。そこで1つの数理モデルを考えてみましょう。

以下は、他国との間に人の移動がない国において、免疫を持たない新型の感染症が流行することをモデル化したものです**（図1）**。

国内で不特定多数の人と接触があることが前提です。まず、国民を3つの集団に分けます。**①未感染者（Susceptible）**、**②感染者（Infected）**、**③免疫を獲得して回復した者（Recovered）**です。それぞれの**頭文字をとってSIRモデル**といいます。その**頭文字は時間（日にち）での人数を表す**とします。

この国の総人口Nは、3集団の人数を足したものなので、N＝S＋I＋Rです。総人口Nは、変動しないとして一定です。はじめのうち回復者数はR＝0ですから、未感染者の数Sと感染者数との関係はS＝N－Iとなります。つまり、**時間が経って感染者数が増えると、未感染者数は当然減る**ということです。

また、未感染者が感染者と接触するわけなので、それらは人数の積で表します。また、接触したとしても100％感染するわけではないので、その割合を感染率βで表します。

これらのことから、**未感染者数の時間変化割合（これを微分で表す）は、「感染率×未感染者数×感染者数で減少」（マイナスを付けて表現）という式**で示されます。

回復者数Rの時間変化割合は、その時点の回復

図1 免疫のない新型の感染症の流行モデル化

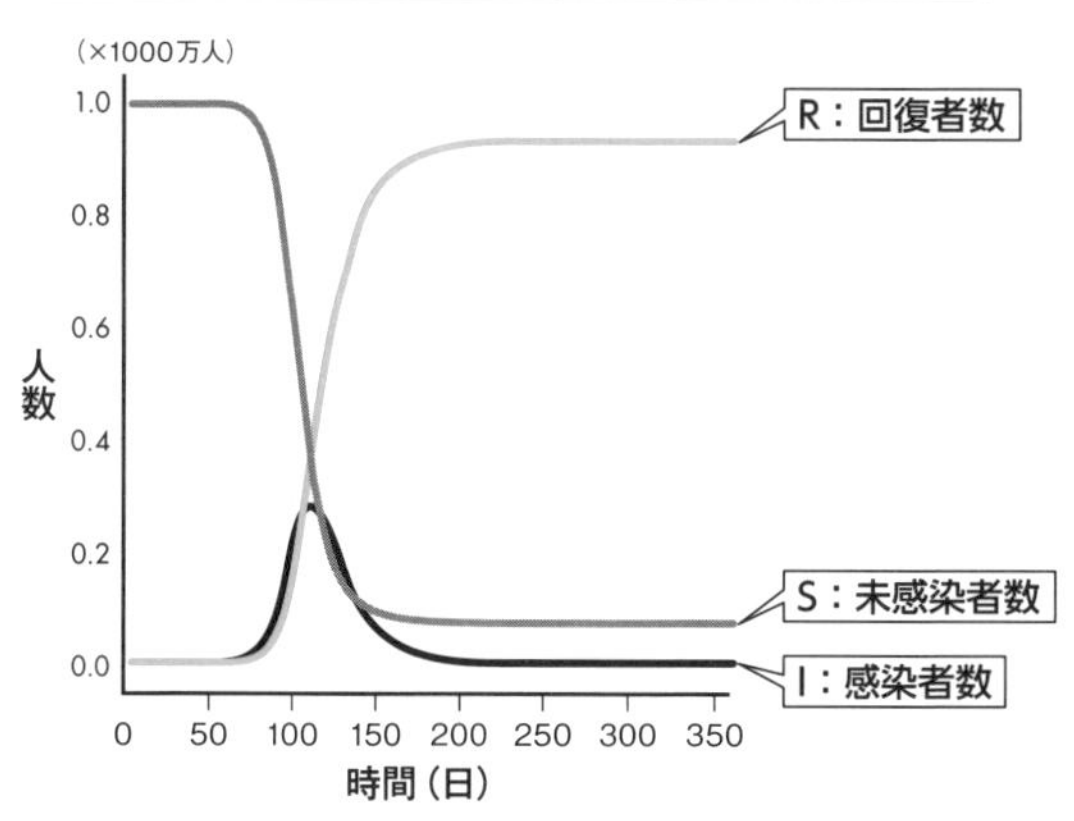

○総人口N＝1000万人
○初期感染者（0）＝100人⇨S（0）＝10000000-100、R（0）＝0
○1日当たり平均10人に接触（m＝10）、接触ごとに感染する1日当たりの確率p＝0.02（感染率β＝10×0.02/N）
○感染者の回復日数を14日（回復率γ＝1/14＝0.071……）

SIRモデルの数理計算式

$$\frac{dS}{dt} = -\beta SI$$

$$\frac{dR}{dt} = \gamma I$$

$$\frac{dI}{dt} = \frac{dS}{dt} = \frac{dR}{dt} = \beta SI - \gamma I$$

記号の説明
S＝S（t）：未感染者　I＝I（t）：感染者
R＝R（t）：回復者　N＝S+I+R：総人口
d/dt：時間微分　t：時間　β：感染率
γ：回復率

者数に比例すると仮定し、比例定数が回復率γ（ガンマ）になります。これら**2つの関係と総人口が変化しないことにより、未感染者数の時間割合から回復者数の時間割合を引いたものが感染者数Iの時間割合を表す**ことがわかります。

これら3つの微分方程式を解く（積分する）と、毎日報道される感染者数のグラフと同じ傾向が求められるのです。

ネコにも「ネココロナウイルス」があるんだって。怖いニャア!

犬にも「パルボウイルス感染症」があるんじゃワン。

12

ランは花の唇弁（しんべん）をメスに擬態してオスを騙すってホントなの？

ラン（**図1**）は世界の単子葉植物の中でももっとも種類の数が多い花です。**世界には700属以上15000種、日本でも75属230種ある**とされています。そんなランは、どんな生存戦略をとっているのでしょうか。

ラン科は環境に適応して、花形や茎、根の形状など形態が多種多様に変化しています。**ランは、虫媒花として虫（花粉媒介者：ポリネーター）に対しての工夫が花の形に現れている**のです。この性質を利用して、人工交配により園芸用の新品種がさかんにつくり出されています。その意味でランは、人間をもポリネーターにしているといってもいい過ぎではないでしょう。

ランの基本的受精戦略は次の通りです。花に引き寄せられた特定の虫が唇弁にとまって花の奥に入るとき、葯帽（やくぼう）からの粘着体が虫の頭や背中に付着します。このとき粘着体とつながっている花粉塊が引き出され、虫によって運ばれます。同じ虫が別の花に入ろうとしたとき、花粉塊は粘液に覆われた柱頭に付きます。そうすると、花粉塊に含まれる多くの花粉から、花粉管が蕊柱（ずいちゅう）の中を胚珠（はいしゅ）に向かって伸びていき、受精となるのです。

またランは、**ほかの種の花粉を付着させないため、特定のポリネーターが同じ種類の植物を連続で訪問する性質（定花性）を利用するように唇弁に工夫**を施しています。

ツチバチの特性を利用するランの一種にハンマーオーキッドがあります。ツチバチのメスは翅がなく飛べないため、植物の先端に登ってフェロモンを放出し、オスを呼び寄せます。オスはメスを抱きかかえて飛び去り、別の場所で交尾します。ハンマーオーキッドは、この行動習性を利用する

わからないニャ？

のです。

その戦略とは、**自らの唇弁をツチバチのメスに似せ、しかも腺からフェロモンを放出してオスを誘き寄せる方法**です。ヒトのいい？オスは、すっかり騙され唇弁（メスの擬態）に抱きつき飛び去ろうとします（**図2**）。その瞬間に、唇弁には上向きの力が掛かって花芯の付け根ヒンジ（蝶番）を中心に回転します。そうしてオスの頭から背中に粘着体に打ちつけ、花粉塊をくっつけます。驚いたオスは飛び去ってほかの花に移り、そこでも同じように粘着体を打ちつけられて花粉塊をその花の柱頭に付着するのです（ツチバチのオスは、お気の毒……）。

わー？
ハンマーオーキッドに騙されたハチはかわいそうだニャア!

ネコっこよ、
うまい言葉と美味い食い物の誘いには気をつけるのじゃワン。

図1 洋ラン・シンビジュームの基本的構造

ランの花は外花被片３枚と内花被片３枚から構成。花の形状は左右対称。外花被片は背萼片（ドーサルセパルという）と側萼片（ラテラルセパルという）、内花被片は側花弁（ペタルという）と唇弁（リップという）に分かれている。唇弁は品種によって異なる特殊な形をしているが、これは虫を受粉に誘う装置。蕊柱はラン科に特徴的な雄しべと雌しべの合着。蕊柱の先に葯帽があってその奥の葯室には粘着体付きの花粉塊が納められている。柱頭は蕊柱の下側にあり、成熟によって表面が粘液で覆われる。

図2 ハンマーオーキッドに騙されるツチバチ

メスに擬態したハンマーオーキッドの唇弁に抱きつくツチバチのオス。

資料：Ameba HP https://ameblo.jp/saigonogakumon/entry-12549139071.html

13 植物は紫外線や化学物質で連絡しあってるってホントなの？

マメ科の植物の傑出した能力を見てみましょう。マメ科植物をほかの野菜類と一緒に植えると、野菜類の生育が促進されます。**マメ科の植物の根に共生する根粒菌（こんりゅうきん）が空気中のチッソを固定化させ、それを野菜が利用**するからです。

また、トマトとバジル、ナスとショウガ、キュウリと長ネギなど、組み合わせの相性がいい**「コンパニオンプランツ」（図1）**を植えることで病原菌や害虫から守り、共栄させるやり方もあります。これらは野菜類の根に共生する菌根菌が野菜と野菜を結ぶネットワークをつくり、ミネラルを供給するためです。

プランターでハーブを植えると、そのハーブとよく似た雑草が生えてきます。見た目が同じ葉っぱなのにハーブ特有の匂いはありません。擬態なのでしょう。その擬態雑草（人は天敵か）は、見た目が同じハーブの近くに生えていれば引っこ抜かれずに繁殖できることをどうして知っているのか、鳥や昆虫が、擬態雑草を好んで食べる青虫をどうして見つけられるのかなど、不思議はいっぱいあります。

実は、**葉っぱを青虫に食べられている植物が、SOS信号（青葉アルデヒドの一種トランス-2-ヘキセナルなど）を出して鳥や昆虫に駆除させて**いるのです。

また、虫媒花として特定の昆虫に受粉をしてもらう必要があります。その方法は、花弁を掲示板として使って、「ここに蜜がありますよ」と**視覚情報（人には見えない紫外線）サインを送ったり、匂いのある化学物質を伝達手段とする**ことです。草刈りによって放出する草の匂い（青葉アルデヒド）です。

わからないニャ？

植物が放出する化学物質が、ほかの植物や虫への殺菌、成長・発芽の抑制、忌避作用や生長の促進など、共栄的な何らかの作用をもたらすことを「アレロパシー」といいます。

つまり、植物は動物と同様、自分の身を守ったり、環境の変化に適応したり、種を残す工夫を同じ種同士やほかの動物、昆虫たちとの情報交換、環境変化の情報取得を化学物質で行なっているのです。その情報伝達の化学物質には、芳香族があります。ラフレシアの花の匂い（ジメチルジスルフィド）が有名ですが、人には悪臭でも昆虫には惹きつけられる匂いなのでしょう。

アレロパシーを持つ植物たち

ナヨクサフジ（ヘアリーベッチ）
石灰窒素成分でもあるシアナミドを生合成

セイタカアワダチソウ
根からシスデヒドロマトリカリアエステルを湧出

クルミ
葉や根からジュグロンを湧出

桜
葉からクマリンが滲出

ギンネム
葉からミモシンを滲出

ほかに松、庭漆（シンジュ）、ナガボノ漆、蕎麦、蓬（よもぎ）、針エンジュ（ニセアカシア）、アスパラガス、彼岸花、キレハイヌガラシ、レモン、ユーストマ、ナルトサワギク、アカギ、布袋葵（ほていあおい）、ナガミヒナゲシなど

図1
コンパニオンプランツたち

野菜の中には一緒に育てることで病原菌や害虫から守り、お互いに成長しやすくなる組み合わせがある。トマト⇔バジル、ナス⇔ショウガ、キュウリ⇔長ネギが相性のいい「コンパニオンプランツ」の好例だ。こうした野菜にはその根に共生する菌根菌が野菜同士のネットワークを構築し、ミネラルを供給する。

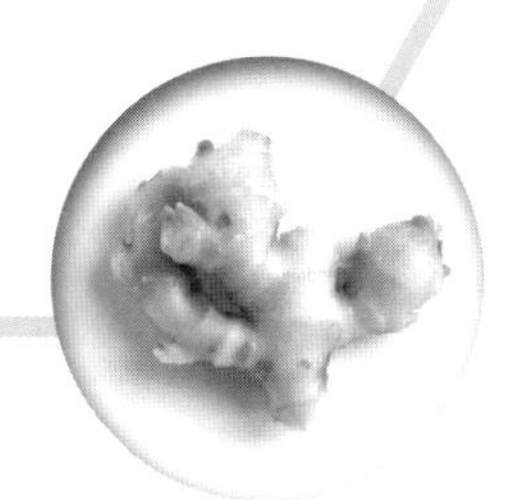

14 カレイとマグロでは泳ぎ方がどう違うんだろう？

たとえば、スケートボードに乗って前面の壁を押せば、スケボーは壁から押し返されて後ろの方向に進みます。**「作用反作用の法則」**ですが、壁に手で力を加えるのが作用力、壁から手に受ける力が反作用力となります。壁は固定されているので動きませんが、スケーターは簡単に押し返されて動いてしまう。当然ですね。

壁を水に置き換えて、魚の動きを観察しましょう。魚が水に尾びれで力を入れると、水からの反作用で同じ大きさの力が魚の尾びれに戻ってきます。ということは、魚の尾びれで水を後方に押すと、水からの押し返しによって魚は前に進むわけです。このとき水は魚の後方へ動きます。水が壁のように動かなければ、魚の尾びれが押した力は100％魚に戻りますが、水が動くぶんだけ力は減少します。水を押して戻ってきた力と水を動かした力の比を係数として表します（図1）。

流れの方向（尾びれを動かした方向）の力（抗力）と水を動かした力の比を「抗力係数」といい、**流れと垂直方向の力（揚力）との比を「揚力係数」**といいます（図2）。

魚の推進方法は、**尾びれの抗力を使う方法と揚力を使う方法**があります。**抗力を使う魚は、カレイやヒラメのように海底に潜んでいる状態から一瞬で動ける力強い魚たち**です。カヤックなどを漕ぐときの櫂（かい）と同じパドリングの動きです（図3）。尾びれ形状は三角形の板状のものが多く見られます。同じ面積であれば多くの水を動かせる形状だからです。

揚力を使う魚は、マグロやカツオ、サメなど常に泳ぎ続ける魚たちです。小型の木造船など船尾についている櫓（ろ）と同じ要領で、尾びれの付け根から後ろだけを左右にくねらせて泳ぎます（図4）。尾びれの形状（図5）は飛行機の翼に似たものですし、その断面形状は翼型をしています。魚は、それぞれの生活環境に合わせて形態を進化させたのですね。

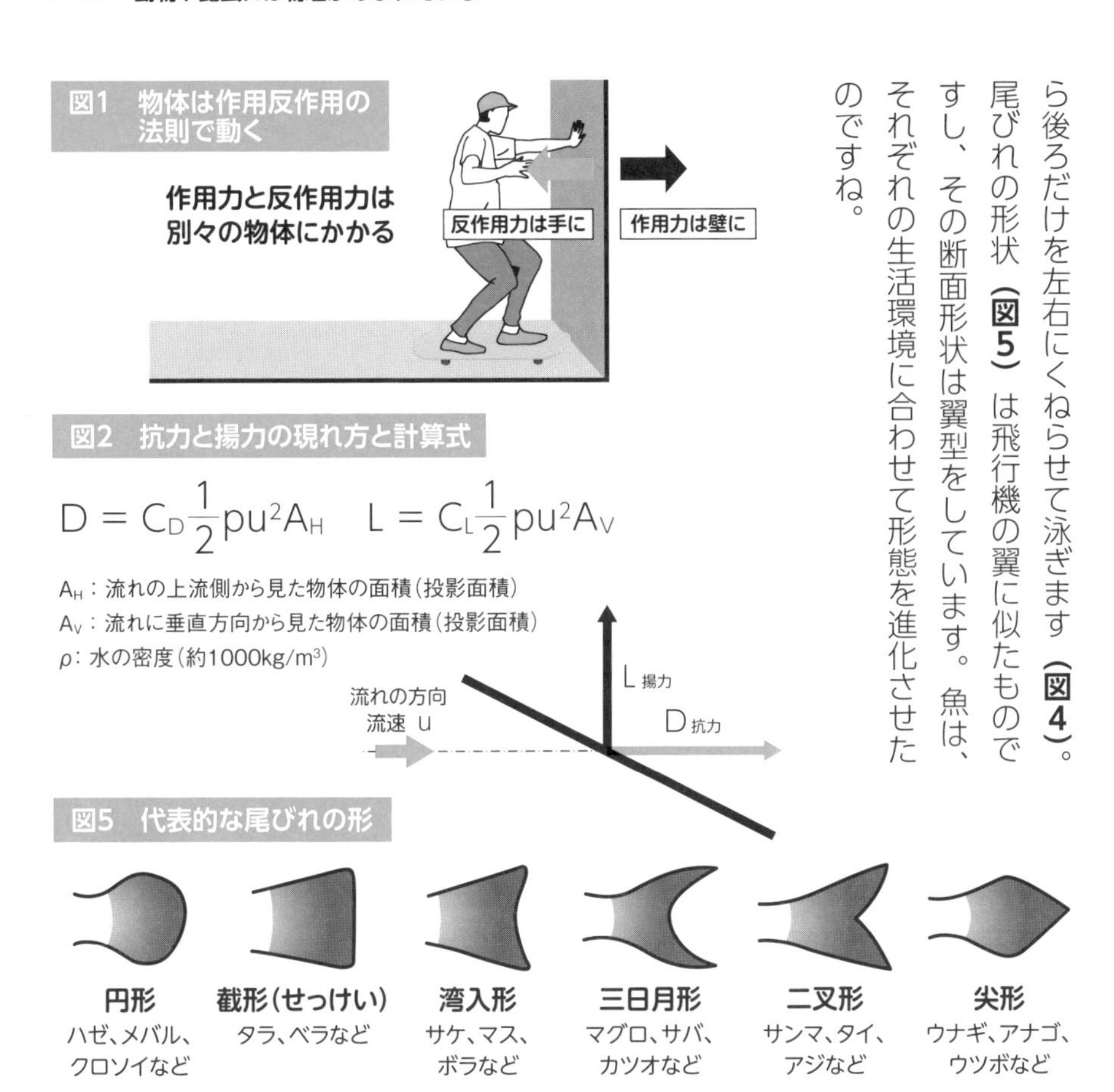

15 タコやイカなどが見せる驚きの生存戦略とはどんなだろう？

海の中には巧みな擬態で敵を欺く忍者のような生き物がけっこういます。中でもミミックオクトパスとして知られるタコは、状況に応じてヒラメ、ウミヘビ、イソギンチャク、ハナミノカサゴ、シャコ、クモヒトデなどに変身します（**図1**）。体表面の模様も泳ぎ方もそうした生き物に酷似するよう変身する成り切り戦略ですね。**「ミミック」とは擬態を意味する言葉**です。

ふつうのタコだって、ミミックオクトパスほどでないにしろ変身できます。イカも同様に体表面の模様、形状、表面凹凸などを状況に応じて変化させ、擬態します。

色の変化は、色素包周りの筋肉の収縮と弛緩によって見せる面積を調節します。**筋肉収縮時には、色素包の穴が開き中の色素が見える**ようになります。**弛緩するときは、その穴が閉じて色素が見えなくなり、皮膚の色が目立つ**ようになります。

また、**局所的に筋肉の収縮弛緩を調整して、全体的な模様を変化**させます。カレイも、海底の色合いにマッチするように上側の体表面の色とパターンを変化させます（**図2**）。

擬態する魚の仲間は、人が見える赤、緑、青のほかに近紫外光が見えるので、人より多くの視覚情報から表面パターンをコピーするものと考えられます。

コウイカが獲物を狙っているときに見せる体表面パターンの動的変化は、レーダーで標的をロックオンするようなイメージさえ受けます。海の表面の波による輝度や色度の不均一性など、ゆらゆらする光のムラを模擬しているのかもしれません（**図3**）。

周囲のパターンに似せることは、物体の境界を曖昧にして敵から見えにくくする効果があります。カモフラージュですね。ほかにもデジタル迷彩のように形の特徴をわかりにくくするという戦略もあります。

過酷な海の生存競争の中で生き抜くために、ある種の魚たちは奇想天外な変身の術で身を護っている。見事に進化した生存戦略なのです。

図1　ミミックオクトパスの見事な変身術

ミミックオクトパスは小型のタコで、腕を広げると最大で60㎝ほどになる。（上）イカに変身、（下）カサゴに変身中／バリ島

資料：バリダイビング.com HP
https://バリダイビング.com/mimicoctopus-evolution-mystery-mimicry/

図2　カレイのすごい変身の技

カレイが下の模様に見事に溶け込んでいる。真ガレイの大きさは雄が約30㎝、雌が40㎝。

資料：FRANCIS.B.SUMNER

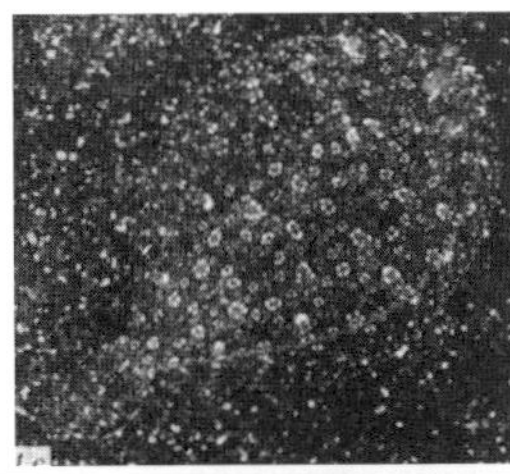

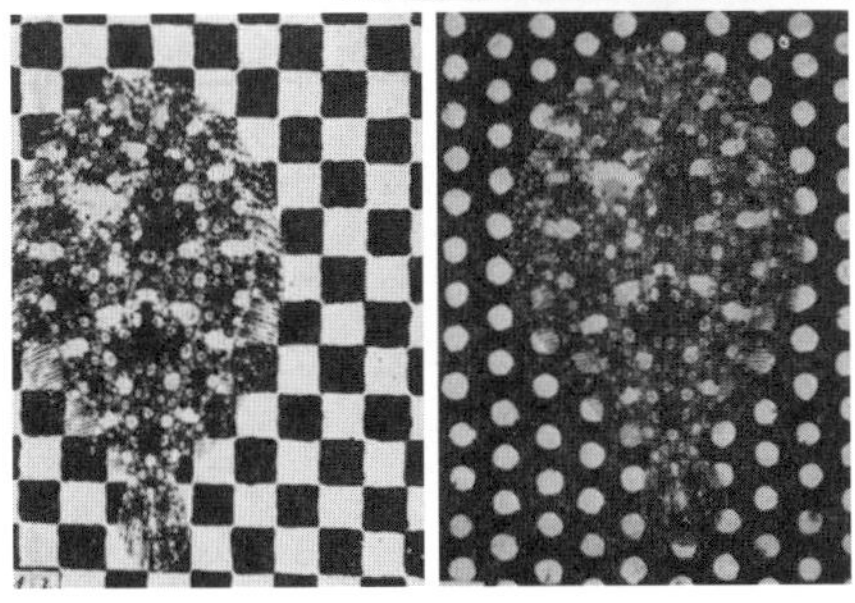

図3　コウイカの変身

コウイカは外套長20㎝前後、体重600gほど。コブシメもコウイカの仲間だが、外套長50㎝、体重12kgほどになる。

資料：TSURINEWS（上）　https://tsurinews.jp/223102/
生き物図鑑・鳥羽水族館（下）
https://aquarium.co.jp/picturebook/sepia-esculenta.html

16 生命のエネルギー源はミトコンドリアがつくるATPなの？

人が体を動かすことができるのはどんな仕組みなのでしょう。筋肉があるからですね。体は、筋肉の収縮で動くのです。

では、筋肉が収縮できるのはどうしてなのでしょう。筋繊維が収縮・弛緩するからです。

筋繊維はアクチン－ミオシンで構成される筋原線維でできています。筋繊維が収縮・弛緩できるのはタンパク質の一種であるミオシンが動くためです。この**活動を担うエネルギー源が「アデノシン三リン酸（ATP）」**です**（図1）**。

ATPが自発的反応で**図2**のように加水分解してアデノシン二リン酸（ADP）と無機リン酸（Pi）になるとき、仮に37℃（310K）の体温では30kJ/molのエネルギーが放出されます。1モルのATPの重さは約500gです。人間の基礎代謝量が7000kJ（≒1680kcal）なので、ATPを120kg程度摂取しないと生きていけないことになります。

ところが、体内にATPを常時蓄えておくことができないために、その都度必要に応じてつくり出していきます。**これを担っているのが、細胞内にいるミトコンドリア（図3）**で、**周囲のpH濃度の変化によってブドウ糖から水を使いATPを産出**します。なので、人が食事をするのはミトコンドリアにブドウ糖（グルコース）と水を供給するためといっても過言ではありません。

1分子のグルコースから38分子のATPがつくられます。そうすると、1モル180gのグルコースから1モル500gのATPが19kgできる計算となります。

ミトコンドリアは、細胞内に存在する細胞内小器官です。これは**独自のDNA・RNA・タンパ**

わからないニャ？

ク質構成系を持ち自己増殖もするので、いわば細菌のようなものです。ミトコンドリアは、ほぼすべての動植物の細網に存在しています。太古の昔に細菌が細胞に入り込んで共生関係を持ったものと考えられています。

人の細胞の数は60兆個といわれていましたが、現在では37兆個とカウントされました。どちらにしろ膨大な数ですが、その**1細胞ごとにミトコンドリアの数が1000個から2000個程度含まれています。**ものすごい数のミトコンドリアが人の体内でATPを算出し、生命維持に貢献しているのです。

図1　活動を担うATP

ATP分子の模式図。3つのリン酸とリボース、アデニンからなる。

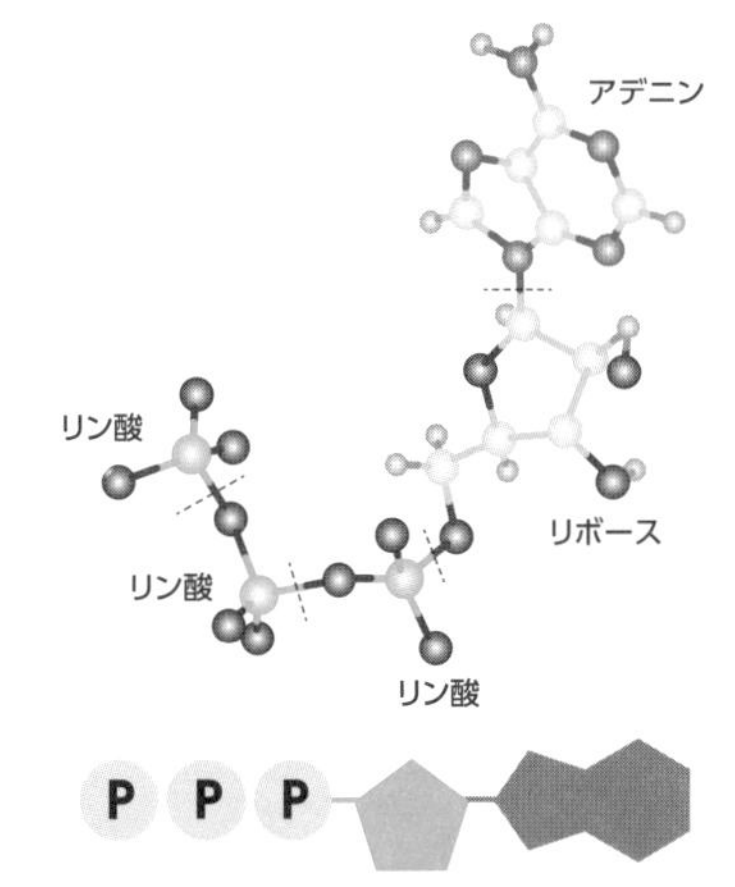

図2　ATPの加水分解反応

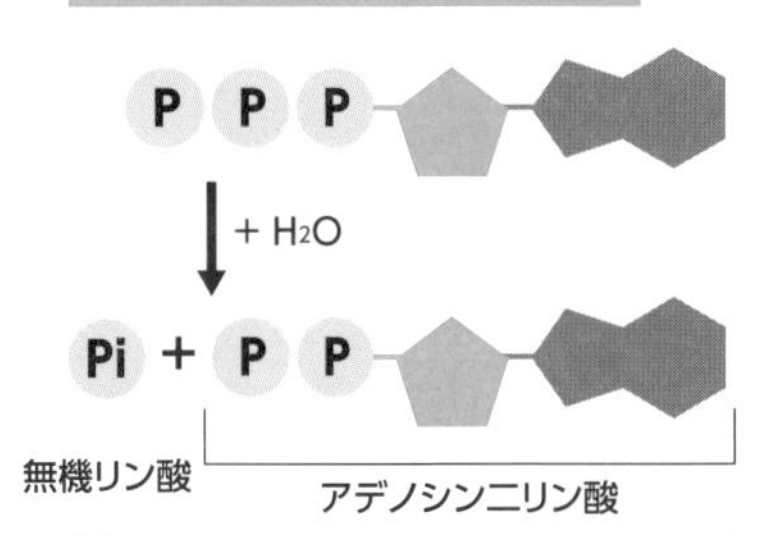

参考：https://www.sci.tohoku.ac.jp/news/20190523-10293.html

図3　細胞内のミトコンドリアと構造

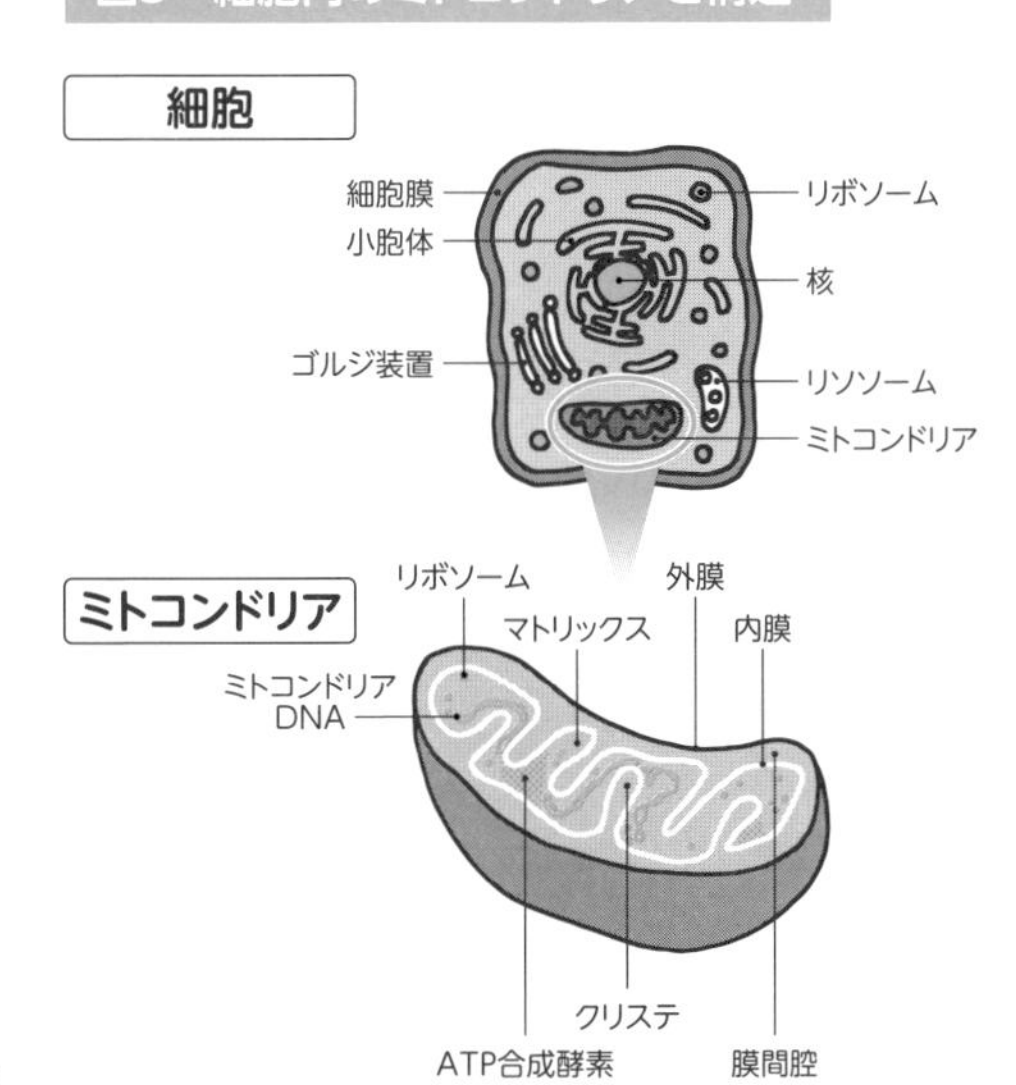

どうして噴火の様式で火山の安息角が決まるんだろう？

火山噴出物の中で溶岩以外のものを火山砕屑物（テフラ）といいます。火山灰・軽石・スコリア・火砕流堆積物・火砕サージ堆積物などです。火山灰などの火山噴出物中のケイ素酸化物 SiO_2 の組成や含有する微量元素を分析することで、起源となった火山が特定されます。また、層厚と堆積面積によって噴火規模を見積もることができます。

溶岩とは、火山噴火時に火口から吹き出たマグマ起源の物質のうち、流体として流れ出た溶融物質とそれが固まってできた岩石のことです。マグマ中に含まれる二酸化ケイ素（SiO_2）の少ないものから多い順に、玄武岩、安山岩、デイサイト、流紋岩、花崗岩となり、粘度は高くなります。

火山は、溶岩の噴出程度によって形が決まります。火山砕屑物の種類によって円錐形を形成する積もり方（円錐の底辺と傾斜のなす角度＝安息角）が異なります。礫、砂などは大体30°の安息角です。香川県で遠望した讃岐富士（飯野山）の安息角は30°でした。本家の富士山は5合目より上では30~35°、山頂付近は40°ときつくなります。裾野の角度が小さいのは、粘度の小さい玄武岩質の溶岩の流れによると考えられます。

日本各地には「〇〇富士」と呼ばれる山がたくさんあります。それらの山の安息角は20°から30°です。日本列島の北方では20°、南では30°の傾向があるようです。

富士名が付く各地火山の安息角

山　名	安息角（度）
利尻富士（利尻山）	20
蝦夷富士（羊蹄山）	20
津軽富士（岩木山）	20
出羽富士（鳥海山）	20
会津富士（磐梯山）	30
榛名富士（榛名山）	30
八丈富士	20
若狭富士（青葉山）	25
近江富士（三上山）	30
伯耆富士（大山）	30
玖珠富士（涌蓋山）	25
薩摩富士（開聞岳）	30

讃岐富士（飯野山）　安息角30°

PART5

自然現象には物理があふれている

01

夕焼け、朝焼け、雲の色、虹とは どんな現象なんだろう？

なぜ空が青く見えるのでしょうか?

なぜ夕焼けで空が赤く染まるのでしょうか?

「空は青い」ものだと思い込んでいるから……。たとえば、「赤いバラを見てなぜ赤い?」とは思わないのと同じくらい、疑問にも思いませんね。でも、よく考えてみると空気には色がないのに、どうして空は青色にみえるのでしょう。

太陽光は異なる周波数の振動が混ざった光

実は、**太陽光とは、いろいろな周波数で振動する光**が混ざっている光なのです。これを**「白色光」**といいます。1秒間に何回振動するかという振動数f［Hz］によってその光の色は決まります。青色は750THz（テラヘルツ）、赤色は430THzです。

一般的に光を扱うときは、振動数より光の波長λ［m］で表します。光は、速度$c=3\times10^8$m/sで進むので1回の振動で進む距離（これを波長という）λ（ラムダ）は$\lambda=c/f$で求められます。なので、赤の光の波長は700nm（ナノメーター）、青が400nmとなります。太陽光の中で波長が380〜780nmの光は、人に見える色**「可視光」**です**（図1）**。

直径d［nm］の粒子に波長λ［nm］の光が当たると、それらの比$\alpha=\pi d/\lambda$の値（粒径パラメータ）によって、光と粒子との間に起こる干渉パターンが異なります。粒径パラメータが大きければ、光の波長より粒子のほうが大きいことを表します。

粒子が波長と同程度の場合（$\alpha\approx1$）、光が進む方向に主に散乱する**「ミー散乱」**が起こります。

粒子が波長より小さい場合（$\alpha\ll1$）には、光が進む方向の前後に強く散乱する**「レイリー散乱」**が起こります。

地球の大気は80%が窒素、20%が酸素で構成されています。それらの分子の大きさは0・36nmです。これに太陽光からの可視光が当たると、粒子パラメータは1.5×10^{-3}~3×10^{-3}、つまり$\alpha\ll1$なのでレイリー散乱が起きます。散乱する強さは光の波長の4乗に反比例するために、波長の短い紫や青は、波長の長い黄色から赤の光より強く散乱されます。

大気に入るとすぐに青が散乱しだすため、その散乱光はかなり高い上空で発生します。散乱された紫や青の光は、太陽光の進路と直角方向に偏光した光となります。また、粒子と干渉しあうたびに、紫や青の光の持つエネルギーが太陽光の、光のエネルギーから失われていきます。

太陽を直視すれば、太陽の光は白く輝いて見えますが、仮に**太陽が東の空にあれば、南、北、西および真上の方向に散乱して直線偏光した青が見える**ことになります。実際には紫もあるのに、人

図1　電磁波と可視光

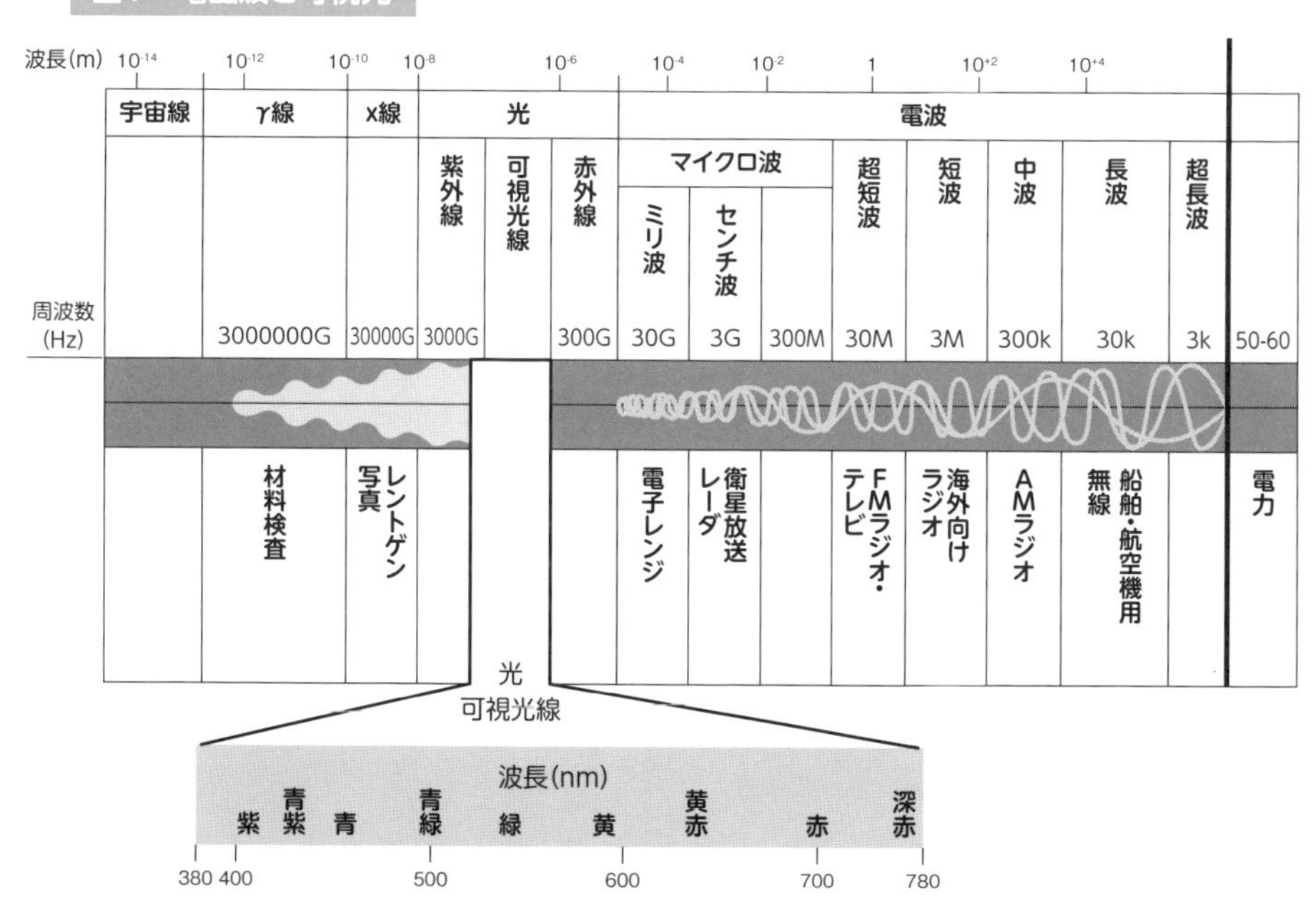

図2　太陽光の日中から夕方までの色

大気中の分子
太陽
青の光の散乱光
赤、黄色の光の散乱光

の目の感度から主に青が見えてしまうのです。

　夕方になると、太陽が西に傾くために、大気層を横切る形で光が入ってきます。紫や青は散乱によってエネルギーを失い、残った黄色や赤の散乱光が目に入ってきます。こうして赤い空が出現するわけです（**図2**）。

　朝日も同じ状況なので赤い空になりますが、夕方に比べて大気中の塵や水蒸気などの大きな粒子によるミー散乱が少ないため、夕方ほど赤くはありません。**夕日の赤は、人の営みに起因するミー散乱も加わって、西はもちろん、東でも赤が増した夕景となる**のです。

　ちなみに、月面のように大気がなければこのような散乱は起きません。太陽や星の光以外は、真っ暗な空ということです。

雲の色や虹の色はなぜできるのか

　次に、雲の話をしましょう。雲は大気中に浮かぶ水滴や氷晶の集まりです。これらの粒子は、光の波長とほぼ同じくらいの大きさなので、粒子パラメータαはα≈1。なので、**太陽光が雲に入るとミー散乱が起きます**。ミー散乱の場合、レイリー散乱が起きたときのように光の波長依存性は小さく、どの光も同じくらいの強さで散乱を受けます。したがって、**いろいろな色の光が混じって白く見える**ことになります。雲が白く見える理由がこれです。

　地上付近の雲では、もともとの光の強度が途中の散乱により弱くなっているため、明るい白ではなく暗い白、すなわちグレーとなるのです。

千葉県木更津市江川海岸の夕焼け
資料：Wikipedia public domain

同様に、大気中を横切るように長い距離を飛んでくる光は、青の光の成分がレイリー散乱によって失われたために、黄色から赤い光となり赤い雲の夕焼けになるわけです。赤い光が雲に入るとミー散乱で赤い散乱光となりますが、雲の端は散乱で失うエネルギーが少なく、まだ明るさを保っています。ですが、**雲内部を通ってきた光は暗い赤**となります。

今度は、虹の話をしましょう。雨上がりの空にある水滴は1㎜程度なので、粒子パラメータαはα>1です。水滴の中に光が屈折して入り、プリズムに入った光と同様に異なる色に分散します。水滴から空気中に出る際に水滴内部表面で全反射し、反射面と反対側（太陽光の入射方向）に戻って出ていきます。この**水滴内で反射が1回起こると虹が出現**するのです。これを**「主虹（しゅこう）」**といい、水滴内で2回反射が起きたものは**「副虹（ふくこう）」**といいます。二重の虹、ダブルレインボーの外側のものですね**（図3）**。

ですが、2回目の反射は全反射ではないため、反射のときに漏れる光があって、**副虹は主虹より弱い光**になります。また、**主虹の輪は外側から赤・橙・黄・緑・青・藍・紫の順番ですが、副虹は内側から赤～紫となる逆順**です。でも、「ダブルレインボーを見ると幸運になる」と喜ばれるほど、そう簡単に出現しない虹ですね。

なお、太陽の方角に近づいた雲が、虹と同じように多色のまだら模様に見える彩雲も同じ原理です。

図3 ダブルレインボーがなぜ見える

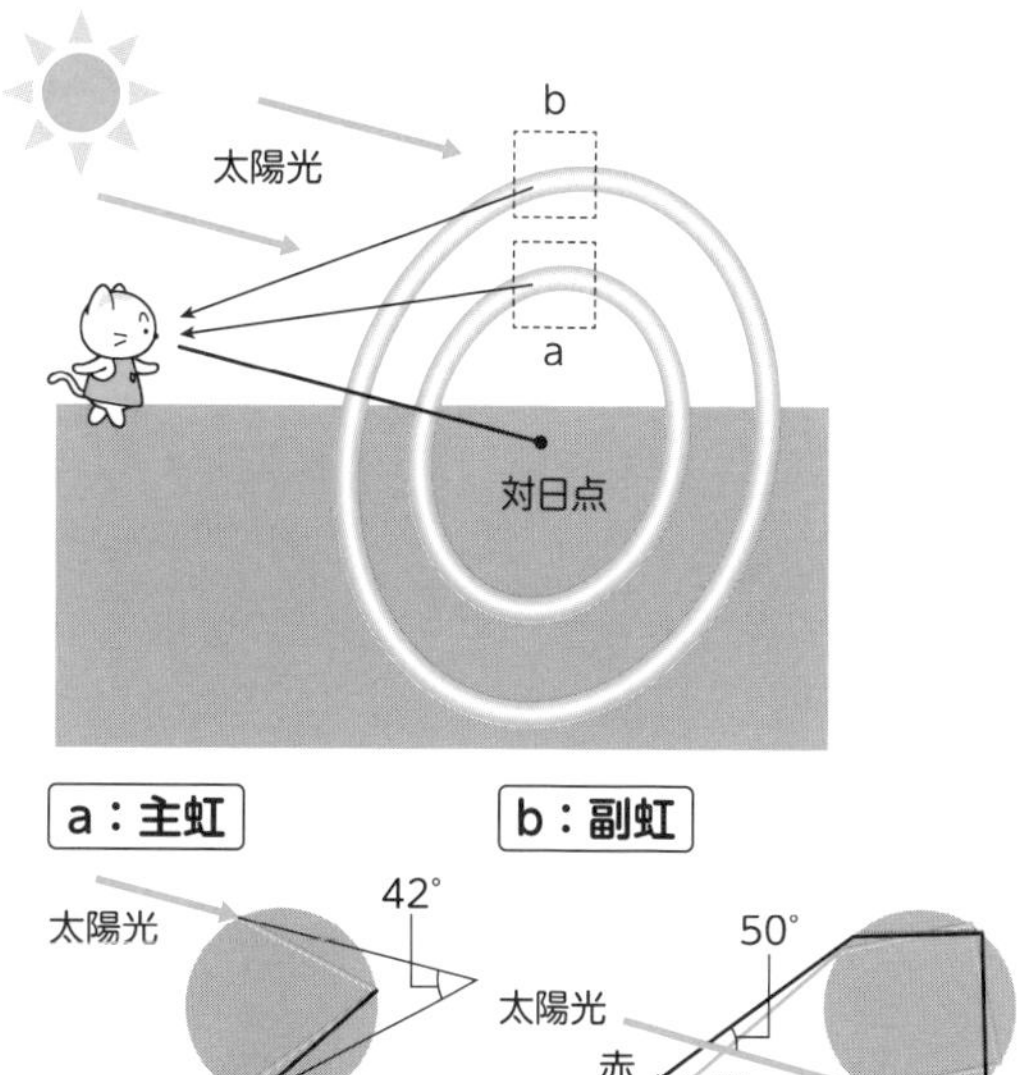

太陽光
b
a
対日点
a：主虹
b：副虹
太陽光
42°
紫
赤
50°
赤
紫

02

偏光グラスで水面を見るとどうして水中が見えるんだろう？

川釣りをする際に偏光サングラスをかけると、水面のギラつきが抑えられて、水中の魚がよく見えます。なぜでしょうか？

光の速度は通る物質によって異なるため、その物質の中の光速をvで表します。真空中での光速cとの比をn＝c／vで表し、これを「屈折率」と呼びます。**ある物質から他の物質に光が通過するとその界面で光は屈折**します。屈折角度の関係は屈折率の比で表すことができます（図1）。

屈折率の大きい水の中から、ある角度で光を出すと屈折率の小さな空気中に折り曲がって出ていきます。その角度を大きくしていくと屈折光が水面と平行、つまり屈折角度が90°になる角度があります。このときは空気中に光は出ません。水中の光の角度がこの屈折角になるとき「**限界角度**」と呼ばれ、水から空気の場合、約49°となります。これ以上入射角を大きくすると水面で水中に向かって反射することになります。これを「**全反射**」といいます。**光ファイバーの中に光を通す原理**となるものです（図2）。

屈折角度は光の波長によって異なるため、プリズムでおなじみのように各色に分離されて七色の光が見えます。

空中からある角度で水に入射する光は、水面で入射角度と同じ角度で反射します（図3）。この状態になると、反射する光が反射面に平行な偏光（s偏光）として反射してくる入射角度があります。これを「**ブリュースター角**」といいます（図4）。空気から入射して水面で反射する場合は、ブリュースター角は53°です。水中には37°の角度に屈折して入るわけです。このブリュースター角で水面から反射してくるs偏光を偏光グラスでカッ

図1 物質で異なる屈折率

物質	屈折率
空気	1.00292
二酸化炭素	1.000450
氷	1.309
水	1.3334
エタノール	1.3618
パラフィン油	1.48
ポリメタクリル酸メチル	1.491
水晶	1.5443
光学ガラス	1.43～2.14
サファイア	1.762～1.770
ダイヤモンド	2.417

図2 全反射

曲がっていても、全反射を利用して
光を伝えられる

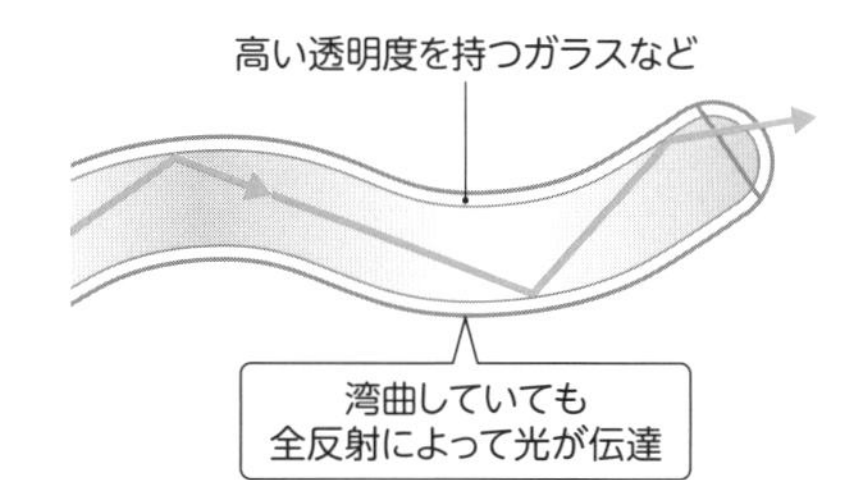

ねぇワンじい、いっつも魚を捕まえたいなあ思ってたけど、水面がギラついてよく見えないんだニャア。

ホウホウ。そんなときは偏光グラスをかけて見るんじゃな。ギラつきがなくなってよく見えるんだワン。

図3 水中から発する光の経路

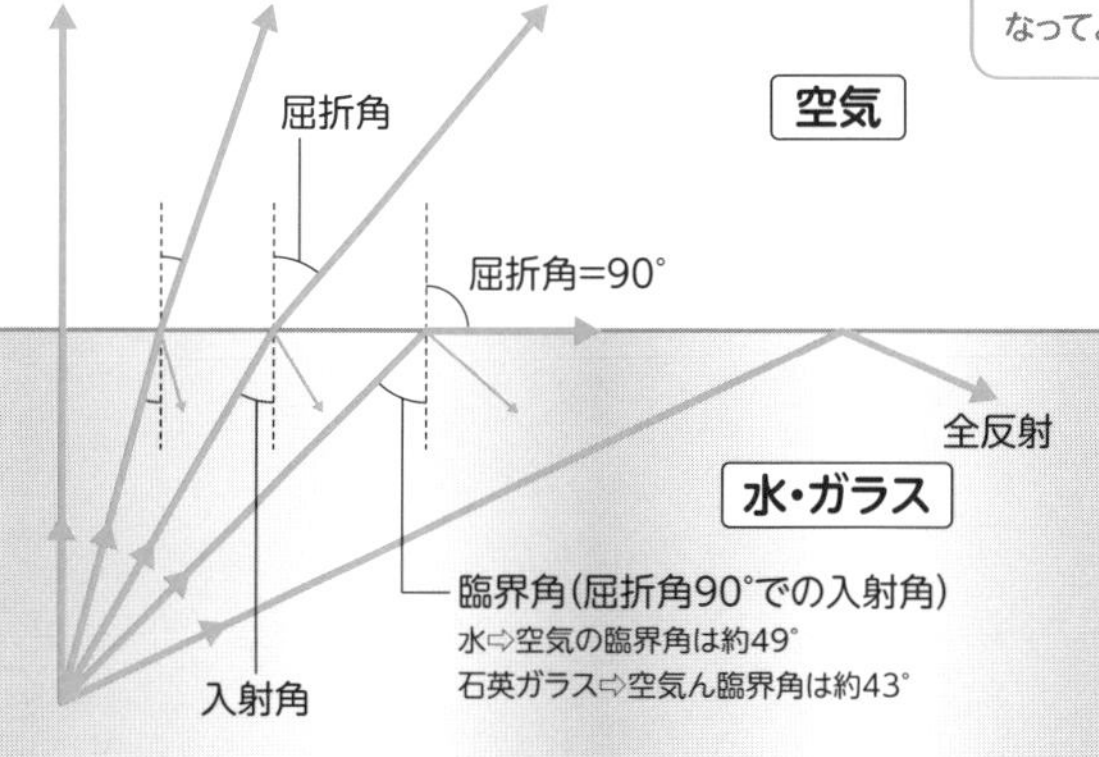

図4 ブリュースター角による入射光・反射光・屈折光

屈折率 $n = \dfrac{c}{v}$

反射の法則 $\theta_a = \theta_i$

スネルの法則 $\dfrac{\sin\theta_i}{\sin\theta_b} = \dfrac{n_b}{n_i} = \dfrac{\lambda_b}{\lambda_i}$

ブリュースター角度 $\tan\theta_p = \dfrac{n_b}{n_i}$

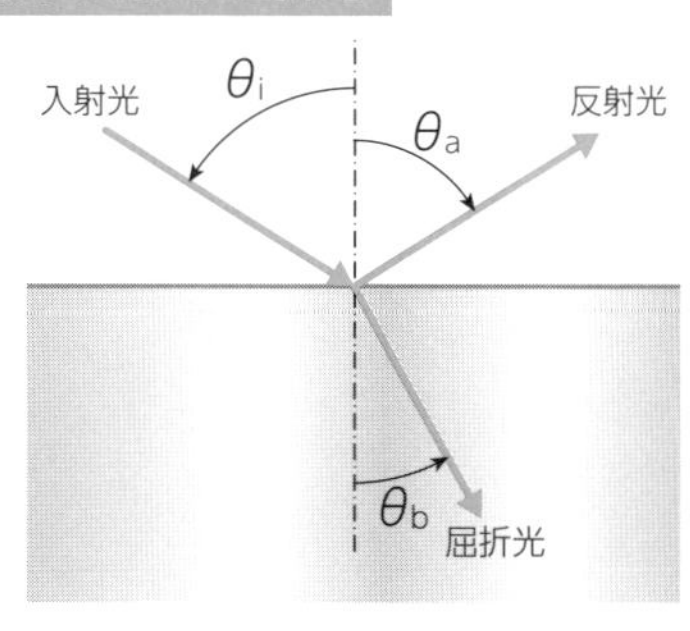

トすると水面のギラつきが抑えられ、太陽光が降り注いでもコントラストが鮮明となり、水中がはっきりと見えるのです。

03 月がいつも同じ面を向けているのはどうしてなんだろう？

月の自転と公転の周期は約27・3日、月の満ち欠けの周期は約29・5日です。地球は太陽の周りを1周するのに365日かかるので、1日当たり約1°公転します。月は地球の周りを27・3日で1周するため、1日当たり13・2°公転します（**図1**）。

さて、地球は1日当たり27・3°公転するため月が地球を1周したときに、太陽からすると27・3°手前にズレていることになります。なので、月が次の新月か、または満月になるには27・3°分余分に回ることが必要になります。その角度は、月の公転角度でいうと約2日分ですから、公転周期に2日分足して**29・5日が月の満ち欠け周期**ということになります。月は、このように地球の周りを公転していながら自転周期も同じなために、いつも同じ月面を見せるわけです。

月の誕生には4つほど説があるようですが（**図2**）、どれも月を自転させる角運動量をもたらす明確な理由がないように思えます。「ジャイアント・インパクト説」を説明する数値シミュレーションの結果にしろ、細かな塵やガスの角運動量が無視されているように思えます。

ここで、ハンマー投げを例として考えてみましょう。選手が地球、砲丸が月、鎖が引力です。砲丸は選手の周りを回りますが、常に鎖でつながった面を向けています。これが同じ面を向けている月と仮定します。そこで、ここではもともと月は自転していなかったとしましょう。ただし、地球の周りを公転はしているものとします。また、月もはじめはドロドロに溶けたマグマの表面が固まった硬い球殻内部にあったとします。いわば生卵のようなものですね。

こうした状態では、地球の重力による位置エネ

ルギーが公転運動と自転運動のエネルギーに分配されても、**生卵の月が回転するには慣性モーメントが大きくて自転はしない**のです。

やがて、月の内部が固まってくる段階で、地球の重力と遠心力によって公転半径方向に若干引き延ばされた回転楕円体のような形になったとします。そうして、その段階で質量の大きな物質が地球の方向に偏ったとします（実際、月の表側のほうが重い）。これは、ハンマー投げの砲丸の鎖の付いている位置（面）に対応します。

こうした**変形が生じると、自転の中心より地球側に重心があるため、起き上がりこぼしのように回転により偏心した重心にかかる重力が復元力となって元の位置に戻る**ことになります。したがって、**月はいつも同じ面を向く**、というわけです。

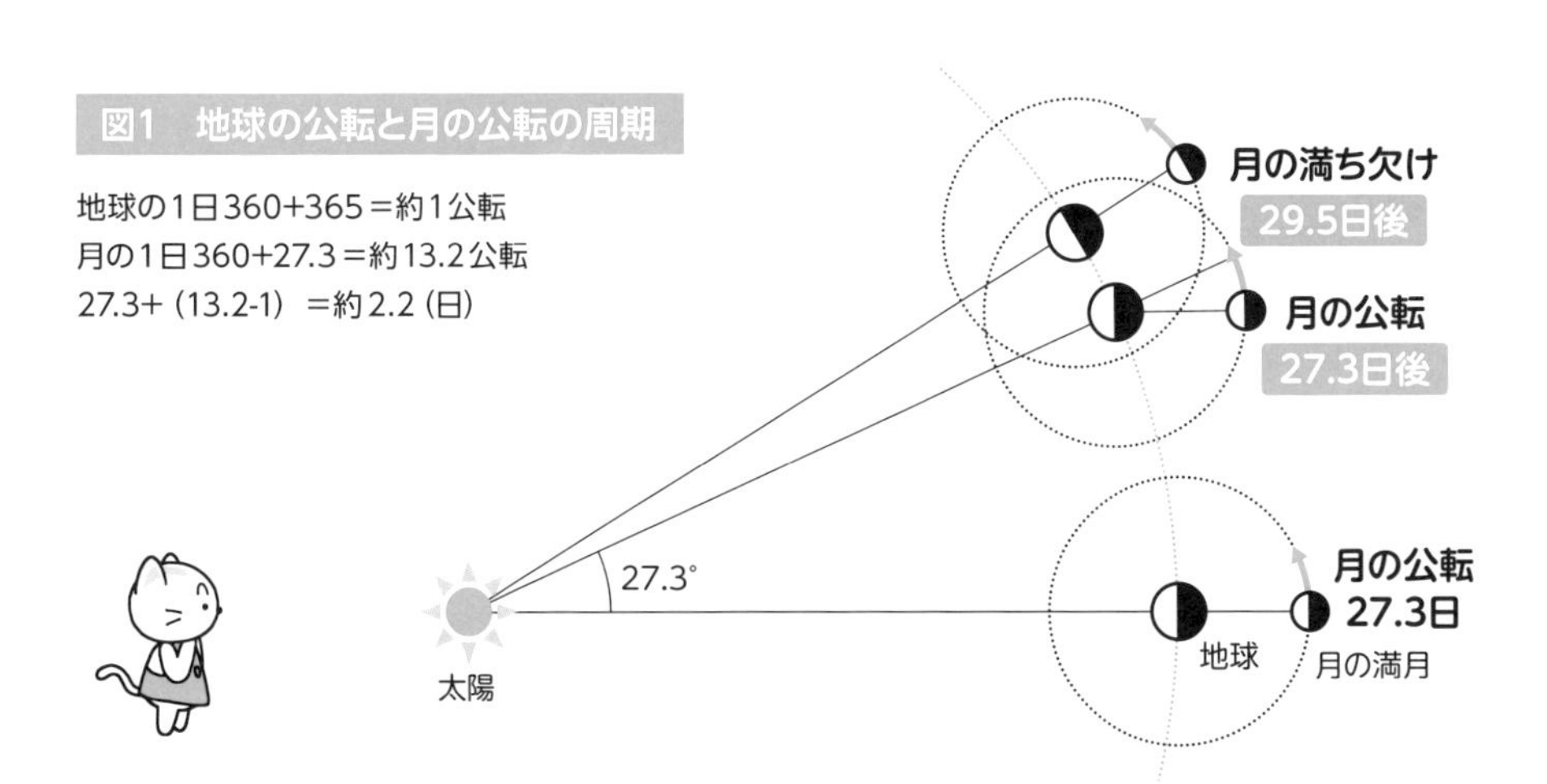

図1　地球の公転と月の公転の周期

図2　月誕生の4つの説

1
親子分離説
地球の一部がちぎれて月に！

2
捕獲説
地球とは別の場所で生まれた月が地球の重力に捕らえられた

3
双子説
太陽系が誕生したときに地球と一生に生まれた

4
巨大衝突説
（ジャイアント・インパクト説）
地球がほぼ完成したころ、火星ぐらいの大きさの星が衝突し、宇宙空間に拡散した地球の欠片がしだいに集まって固まり、月が誕生！

04 台風はどうして日本直撃のコースをとるんだろう?

2022年9月1日、沖縄の南の海上に中心気圧920hPaという猛烈な強さの台風11号が停滞していました。多くの台風は赤道よりちょっと北側の海上で発生すると、まず西に進んだあとに北上して沖縄に向かい、その後は進路を東にとって、最悪の場合、九州から本州縦断というコースを進みます**(図1)**。なぜ台風は、こうしたコースをとるのでしょうか?

台風は、高温の海面で温められた湿った空気の上昇気流をきっかけに発生します。上昇気流によって低圧(空気が薄くなり密度が低くなる)となると周囲から中心に向かって空気が流れ込みます。

北半球では**「コリオリの力」**※によって風の進行方向に対して右側に向きを変えるため、反時計回りの回転(気象衛星から見ると左回転)の渦巻きとなります。**「台風の目」**は循環(**渦の強さのようなもの)の大きさがΓ(ガンマ)の剛体回転する渦**です(雲がないので渦巻の中心にすっぽりと空いた穴のように見える部分)。

地球の大気循環は、太陽によって温められた空気の対流が起こします。赤道の北側には回転するドーナツ状の**「ハドレー循環帯」**があります。この海面付近では、本来は北側から赤道側に向かう流れとなるのですが、コリオリの力によって右側にねじれた循環となります。そのために海面付近では北風から西風に風向を変え、赤道付近ではほぼ西風となります。**「貿易風」**ですね。昔、帆船がこの西向きの風を使ったということで貿易風と呼ばれたのです。

さて、**生まれたての台風は、貿易風で西側に流されます**。その間に**暖かい海面から熱エネルギー**

図1 気象庁による月別の台風の主な経路

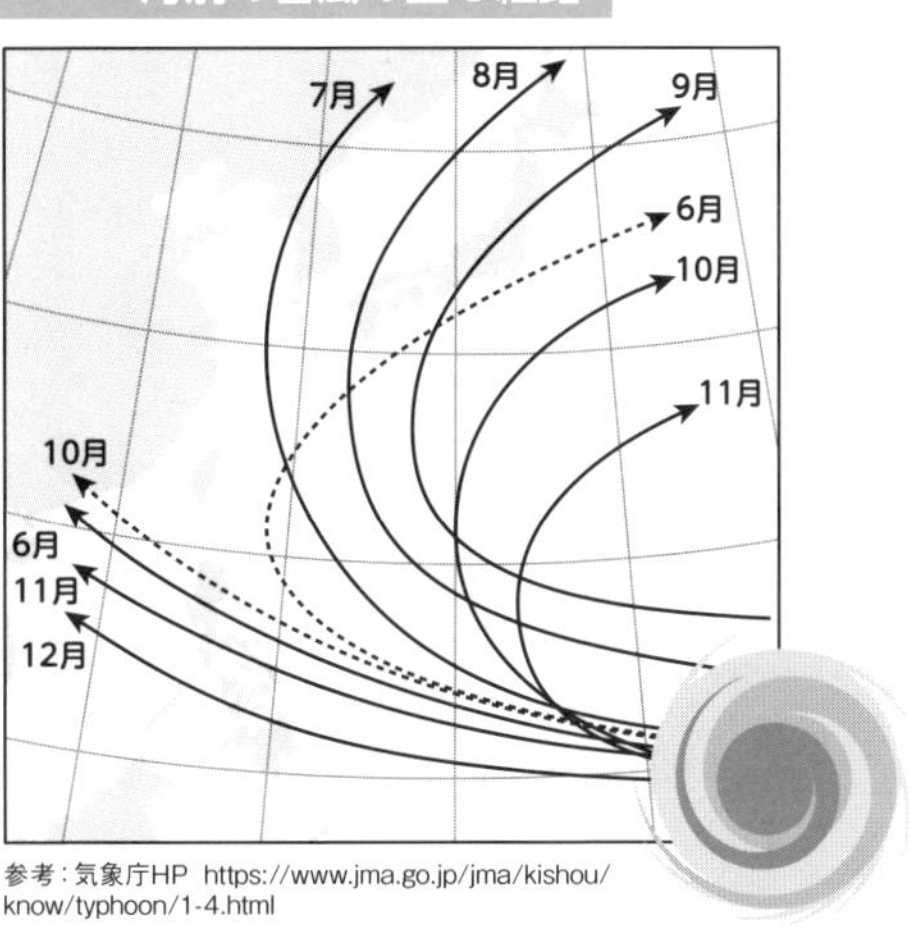

参考：気象庁HP https://www.jma.go.jp/jma/kishou/know/typhoon/1-4.html

図2 台風の大きさと勢力

台風の大きさの階級

階　級	風速15m/s以上の半径
普　通	半径が500km未満
大　型	半径が500km以上、800km未満
超大型	半径が800km以上

台風の強さの階級

階　級	最大風速
強　い	最大風速33m/以上、44m/s未満
非常に強い	最大風速44m/以上、54m/s未満
猛烈な	最大風速54m/以上

参考：気象庁HP https://www.jma.go.jp/jma/kishou/know/typhoon/1-3.html

※**コリオリの力**：左回転している土台の上でボールを投げると右に曲がり、右回転では左に曲がる。こうしたボールや風を曲げる力がコリオリの力で、回転座標と静止座標のズレが引き起こす現象。

が供給され、台風は発達し（図2）、循環が大きくなります。この西向きの風の中に左回転する循環「の台風があると、回転する野球のボールがカーブする原理（マグヌス効果）と同じく、台風には北向きに方向を変える力（揚力）が働きます。台風は、このために発達しながら進路を北にとるのです。

北に進むと、ハドレー循環帯とは逆回転の循環帯があり、ジェット気流とも呼ばれる**「偏西風」**が吹いています。台風はこれにより東側に流されます。台風が日本海に達しても、勢力が海面から蒸気のエネルギーを供給され続けながら循環を保っているときには、上記と同じ理由で今度は南向きの揚力が発生します。そうすると、日本海側から日本を横断するコースとなります。

南から北上して九州に上陸する場合は、海面から受けていた熱エネルギーの供給が途絶えるため台風の勢力は衰えますが、コースは偏西風に乗って日本列島を縦断することになるのです。

05

台風はどれほどのエネルギーを持っているんだろう?

台風は、赤道付近の暖かい海面から供給される水蒸気の持つエネルギー（潜熱）を受けとって成長します。直接、太陽に台風が熱せられるわけではありません。太陽が海面を熱すると海水が蒸発して水蒸気（気体なので見えない）が生じます。海水温度と上空の温度の差によって駆動される大気の上昇気流が、水蒸気を上空に運んで台風に熱エネルギーを供給します（**図1**）。

水蒸気が上空の冷たい空気で冷やされると、その温度での飽和水蒸気量を超えるため、一部が水滴に凝縮して状態を変化させます。このとき、水蒸気が持っていた潜熱が周囲の大気へ放出されます。こうして上空の大気は温められ、密度が低くなってさらに上昇します。つまり、**上空における大気の上昇の運動エネルギーは、水蒸気の凝縮潜熱によって与えられる**わけです。

台風の目（**図2**）は、上昇速度を増して海面から吸い上げる蒸気量を増やします。エネルギーはさらに注入され、強い風が吹くようになります。海面からの吸い上げに引きずられて、周囲から台風の目に向かって吹き寄せてくる風は、コリオリの力によって進行方向に対して右側に曲げられます。**上から見ると、全体として反時計方向（左回転）の回転**となります。

回転すると、渦中心への圧力はもっと低下し、周囲からの流れ込みを促進します。台風の目から吹き出した流れは放射状に進むはずですが、これも**コリオリの力により右に曲げられ、上空では上から見て時計方向回転（右回り）**となります。

水蒸気が雨になるときのエネルギーが台風のエネルギーですから、降雨量からおよその台風のエネルギーを見積もると、6.3×10^{18}[J]となります。

桁の読み方は10^6でメガ（M）、10^9でギガ（G）、10^{12}でテラ（T）、10^{18}でエクサ（E）となるので、**6・3エクサジュール（EJ）のエネルギー**と見積もれます。マグニチュード9・0の東日本大震災で放出されたエネルギー総量が2・0EJといいますから、台風はとてつもない大きさのエネルギーを持っていることがわかりますね。

また、このエネルギーを電気と比較すると、2020年1年間で消費した日本の総電気使用量は約990TWh（＝3.6×10^{18}J）なので、**台風1個でほぼ日本の年間電気消費量を2年分まかなえるエネルギー**に相当します。まったく、溜め息が出るようなエネルギーです。

図1　台風が発生するメカニズム

資料：tenki.jp https:// tenki.jp/bousai/knowledge/5accc20.html

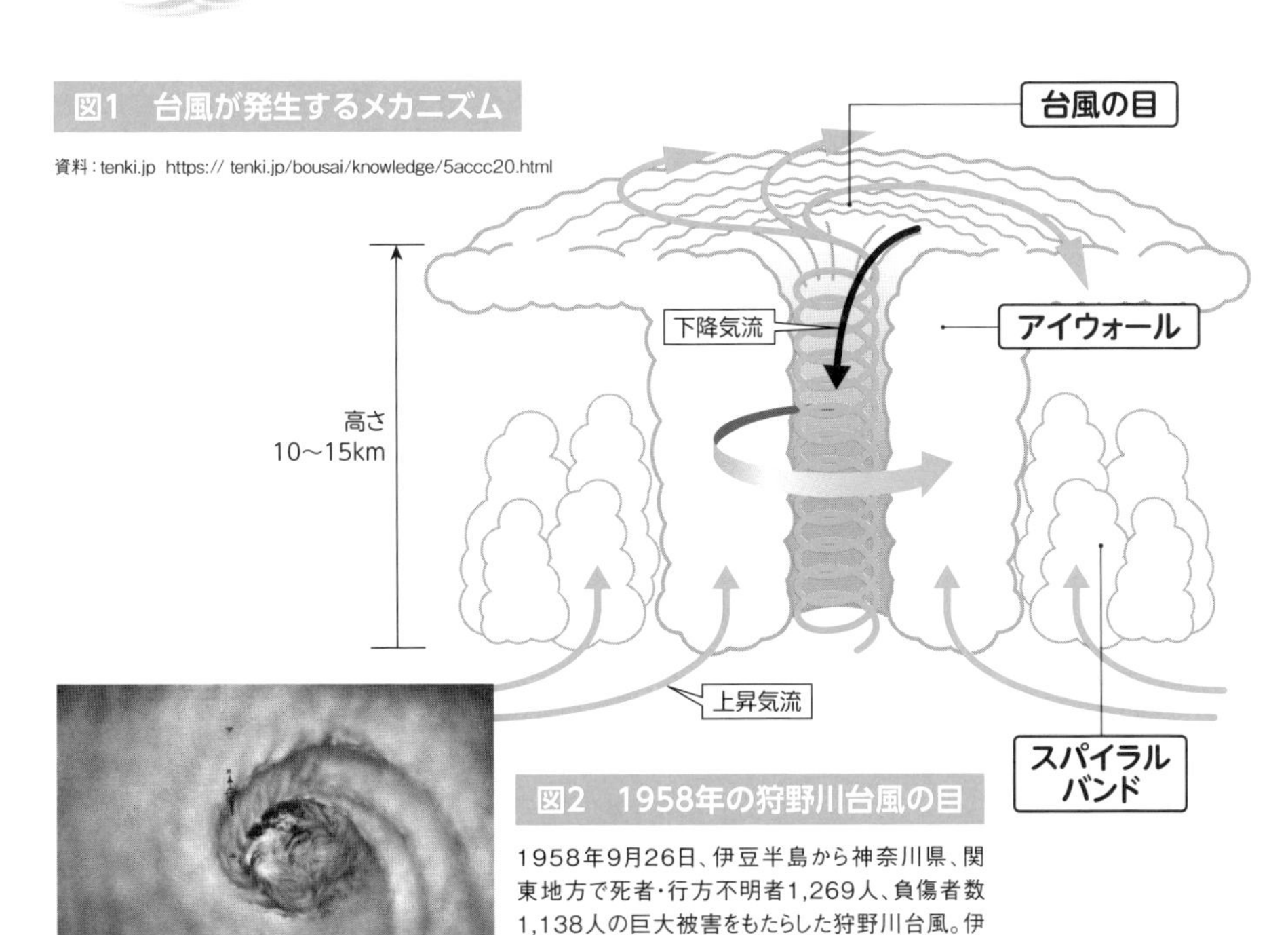

図2　1958年の狩野川台風の目

1958年9月26日、伊豆半島から神奈川県、関東地方で死者・行方不明者1,269人、負傷者数1,138人の巨大被害をもたらした狩野川台風。伊豆半島狩野川流域での水害が激甚だったため、狩野川台風と名付けられた。

資料：Wikipedia public domain

06

偏西風と貿易風はどうして風向きが反対なんだろう？

鍋に入れた水を沸かすと、温まったお湯は上昇して水面で曲げられ、内鍋の縁から下降するドーナツ状の流れが見られます。これが対流ですね。

上昇した流れは水面で遮られて行き場がなくなるため、水面下の周囲を放射状に進みます。内鍋の縁でまた行く手を阻まれることで、縁に沿って下降し、鍋底で中心に向かう流れとなって循環する流れが形成されます。大きな対流は、やがて小さなセル上の対流に分裂してしまいます**（ベナールセル、図1）**。

同じ現象が、地球表面の大気で起こります。地球の表面では、太陽からの熱が降り注いで海面や地面を温めます。赤道付近では温まった空気が上昇し、大気界面で北上していきます。**北極付近では冷えた空気が下降し、地表に沿って赤道の方向へ地球にかぶさるドーナツ状の大循環ができます**。この大きな**ドーナツ状の循環は、地球の自転の影響で回転の異なる3つのドーナツに分かれたほうが安定**します**（図2）**。

赤道近くのドーナツ状の循環**（ハドレー循環）**の海面に近い部分の流れは、コリオリの力によって進行方向に対して右側に曲げられるため、赤道に近づくにつれ西寄りの風となります。この風が136pでも述べた**「貿易風」（図3）**です。

中緯度にあるドーナツ状の循環**(フェレル循環)**の界面付近に流れる風は北寄りです。これもコリオリの力を受けて進行方向に対して右寄りの風になります。

この風は、北に対して右方向となるために東に向かって吹く風は、風速200㎞／hくらいの西風となります。これが**「偏西風」（図3）**です。ただし、この循環は、綺麗なドーナツ状の形とい

なぜニャ〜!?

うよりは、花弁（ローブ）状に波打ち蛇行します。この波を**「ロスビー波」**といいます。こうした風の影響で、日本付近の天候が周期的に変わることになるわけです。

図1　ベナールセル現象

対流によるベナールセル現象。液体を、たとえば鍋などに入れて下から熱すると、臨界値を超えた段階で液体が渦の領域に分かれて、真ん中辺りは上向きに、周辺部では下向きの流れとなる。この現象をベナール対流という。ベナールセルとベナール対流は同意語（PART1の06項目参照）。

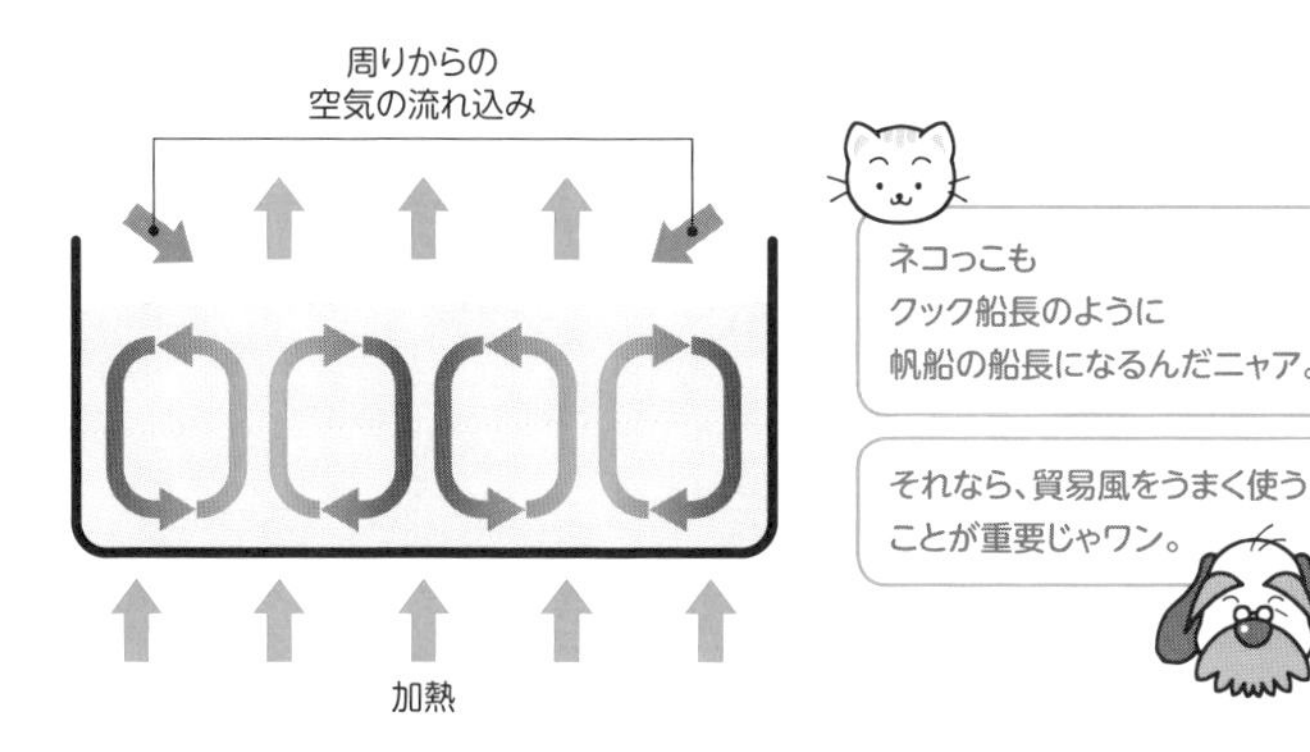

図2　赤道近くのドーナツ状循環

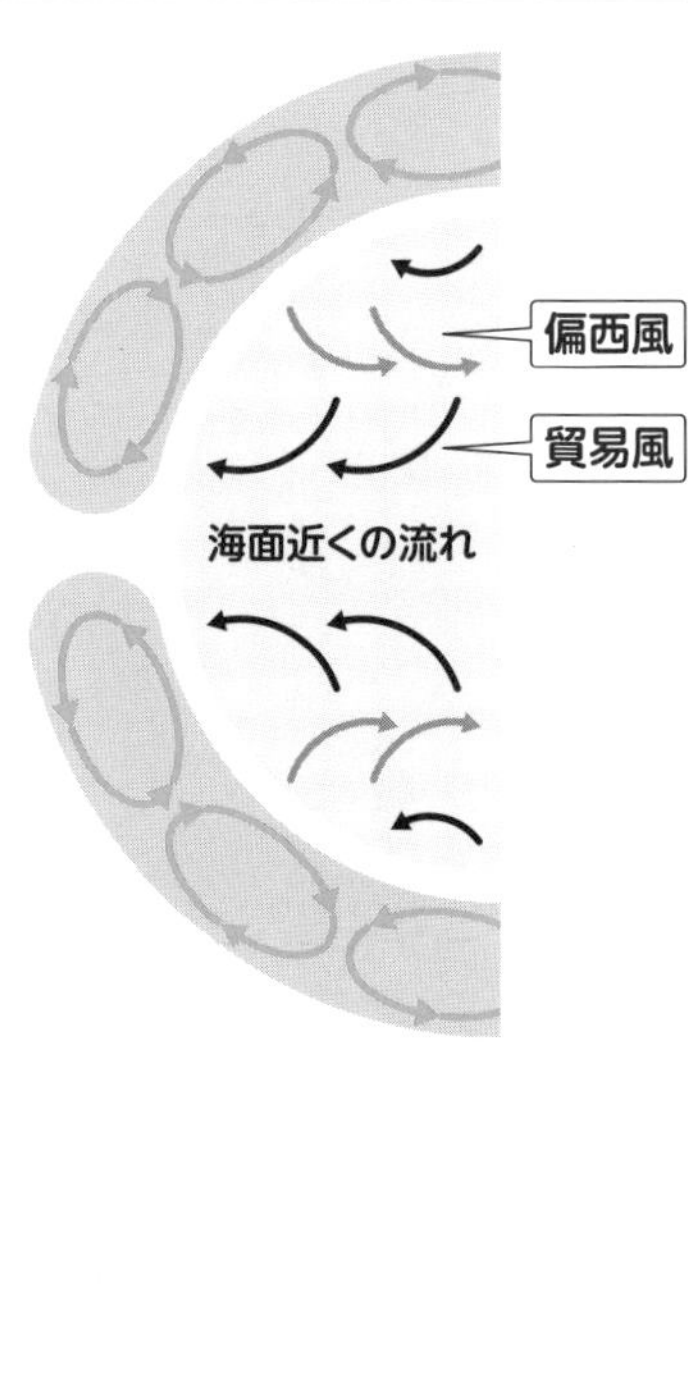

図3　偏西風と貿易風

偏西風は、北に対して右方向の風になるため東に向かって吹く。貿易風は、進行方向に対して右側に曲げられるため、赤道に近づくにつれ西寄りの風になる。どちらの風も、「コリオリの力」が影響している。

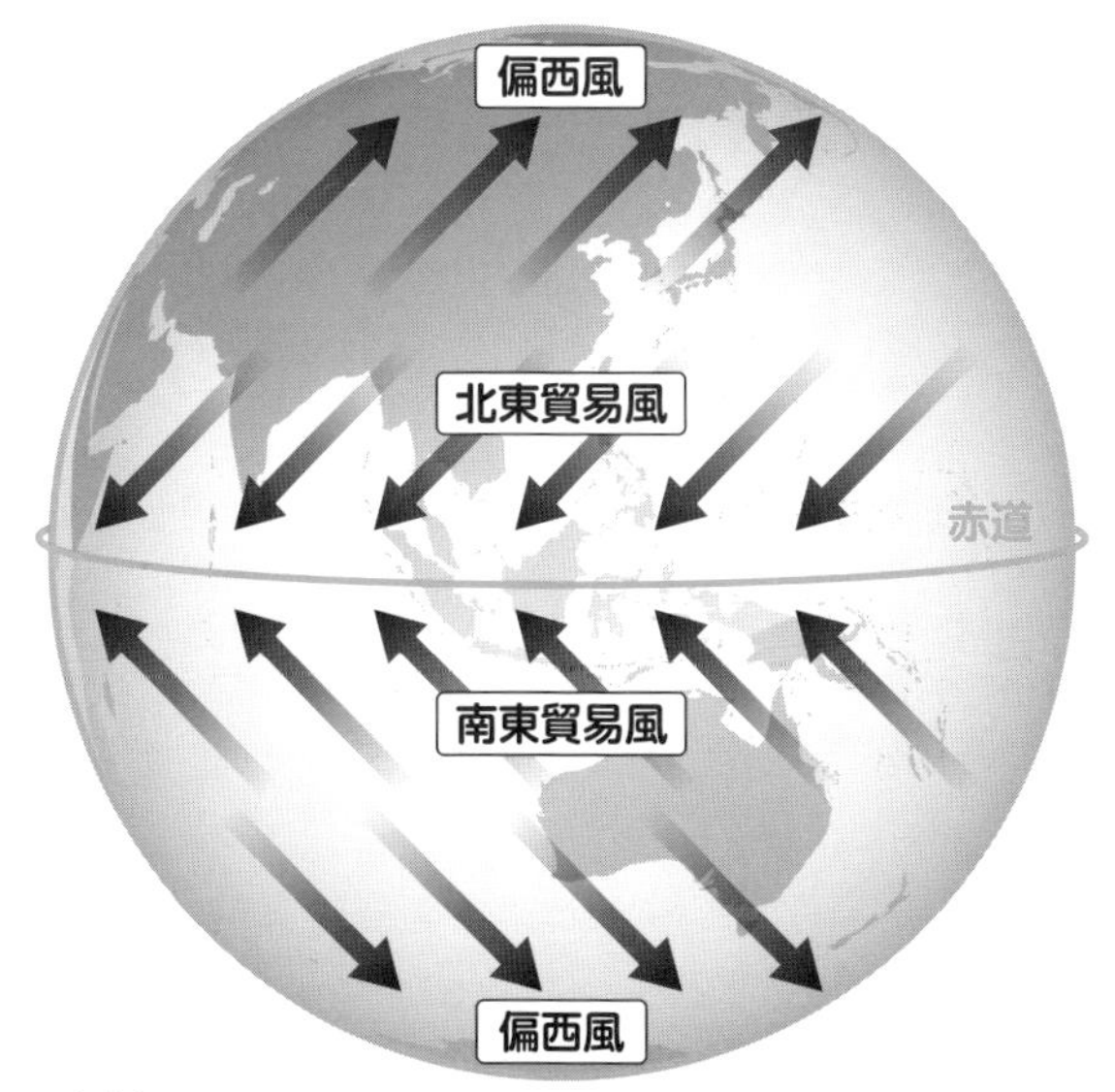

07

低気圧と高気圧ってどんな気圧なんだろう？

テレビなどで気象予報を見ていると、低気圧とか高気圧という言葉や文字が頻繁に使われます。いったいこの低気圧や高気圧は何を表しているのでしょうか（図1）。

低気圧とは、天気図上では「低」と表示され、周囲よりも気圧が低く、閉じた（中心にまとまっている）等圧線で囲まれた範囲を表します。周囲との気圧の関係によるため、「気圧○○hPa（ヘクトパスカル）以下は低気圧」という基準はありません。

また、周囲よりも気圧が低くても等圧線が閉じていず、中心が特定できなければ、単に**「低圧部」**といいます。

低気圧になると、地面もしくは海面で温められ湿った空気が低気圧の中心で上昇します。その空気は、上空で水蒸気が冷やされて凝縮し、雨粒や氷晶が生じます。そうすると、雲が発生し、雨、雪になったりするので、低気圧周辺では天気が崩れるわけです。

また、低気圧は、発生する地域や構造、生成のメカニズムなどにより、**「温帯低気圧」**と**「熱帯低気圧」**に分けられます。台風は、赤道付近で発生する熱帯低気圧です。

高気圧とは、周囲よりも気圧が高く、天気図上では「高」で表示され、閉じた等圧線で囲まれた範囲をいいます。これも気圧が○○hPa以上といった基準はありません。

また、周囲よりも気圧が高いけれど、閉じた等圧線を図式化できなければ、単に**「高圧部」**といいます。

高気圧の中心では、上空の冷たい空気が下降し、地面に近づくにつれて温度が上昇して飽和水蒸気

なぜニャ〜！？

圧が上がり、相対湿度が下がって乾燥した空気となります。そうすると、雲が発生せず晴れた天気になるわけです。

次に**「等圧線」**についてですが、簡単にいえば、天気図で表示される等圧線とは、気圧の等しいところを結んだ線のことです。一般的に等圧線は4hPaごとに引かれます。あちこちに分技（ぶんし）するような引き方はしません。

天気図に、**「前線」**と表示されていることがあります。これは寒気の塊と暖気の塊のぶつかっているところの海面や地表面に引かれた線です。前線には、互いの勢力の強さで**「温暖前線」「寒冷前線」「停滞前線」「閉塞前線」**があります**（図2）**。

天気図はなかなか面白い図です。興味を持てば、天気についていろいろなことが知りたくなるでしょう。

図1 高気圧と低気圧のメカニズム

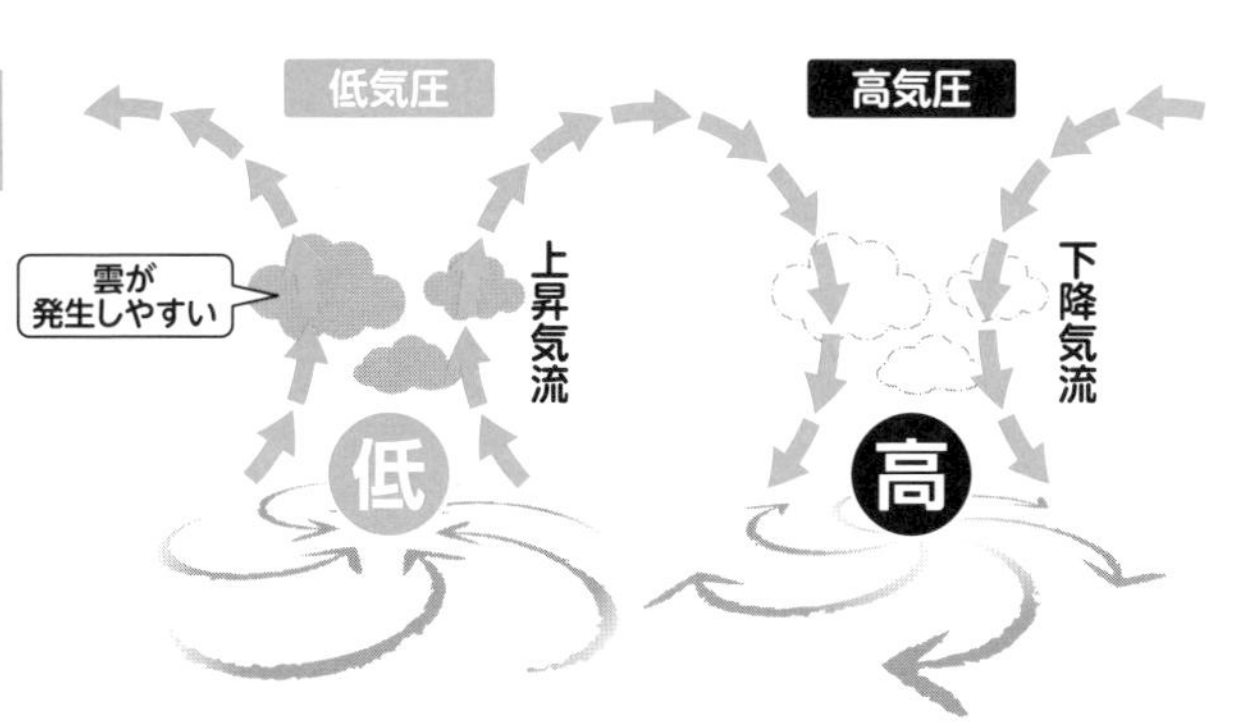

高気圧のほうが好きだニャア。

図2 前線の種類と特徴

温暖前線
warm front

寒気より暖気のほうの勢力が強く、暖気が寒気を押しのけて進むときにできる前線。この前線が通過するときは、弱雨が長く降り続き、通過後の気温が上昇する。

寒冷前線
cold front

暖気より寒気のほうの勢力が強く、寒気が暖気を押しのけて進むときにできる前線。この前線が通過するときは、短時間に強い雨が降り、通過後の気温が低下する。

停滞前線
stationary front

暖気と寒気の勢力が同程度で前線がほとんど動かず停滞する前線。寒気と暖気がほぼ同じ勢力になっているため、梅雨のように何日も続いて雨が降る状態となる。

閉塞前線
occluded front

温帯低気圧の域内で、寒冷前線が温暖前線に追いついたときにできる前線。通過時に強風と強雨を伴う。

08 天気予報の仕組みと当たる確率はどれくらいなんだろう？

天気予報は、スーパーコンピュータを用いて地球大気や海洋・陸地の状態変化を数値シミュレーションして予測するものです。

実際には、地球大気や海洋・陸地を細かい格子に分割し、世界から送られてくる観測データも使うのですが、それぞれの格子にある時刻の気温・風などの気象要素や海面水温・地面温度の値を割り当てて初期値とします（図1）。これを出発点として、**流体力学・熱力学を基本とした物理学や化学の法則に基づいた微分方程式を数値的に解きます。それぞれの格子点上の圧力、風速・風向、温度、湿度などの時間変化を計算することで、何時間後、何日後といった近い未来の天気の状態を予測**するわけです。最終的に、その予測値から予報官が天気監視・分析、天気予報、警報などをつくり、発表することになります（図2）。

さて、では現在どのくらいの確率で予報が当たるのでしょうか？

気象庁が発表する降水確率とは、指定された時間帯の間に1ミリ以上の降水がある確率のことです。気象庁は、その降水確率をベースに、「雨が降る」「降らない」の予報について採点しています。採点結果は、2016年の統計で、17時発表の**明日の予報について全国平均で85％の確率で的中**しました。**週間天気予報については、全国平均で3日先が79％、7日先が70％の的中確率**でした。

また、3日先以降の天気予報には信頼度というものが付いており、予報が的中しやすい順番にA、B、Cの3段階で評価されています。

①Aは、翌日の予報と同程度の確率で当たる
②Bは、4日先の予報と同程度の確率で当たる
③Cは、Bよりも当たる確率が低く、予報が変わ

なぜニャ〜！？

る可能性が高い

との評価基準です。

なお、50年ほど前の天気予報の精度は、東京の明日の天気の当たる確率は72％ほどでした。

ところで、ときどき聞くことのある「気象データ観測システムのアメダス」（AMeDAS：Automated Meteorological Data Acquisition System）ですが、これは「地域気象観測システム」のことです。雨、風、雪などの気象状況を時間的、地域的に細かく監視するため、降水量、風向・風速、気温、湿度の観測を自動的に行なっています。なお、降水量を観測する観測所は、全国に約1300か所（約17㎞間隔）あります。

現代の最先端の科学技術を駆使しても、天気予報が当たるのは80％強です。天気予報技術が発達しても、100％の的中がない強敵なのかもしれません。

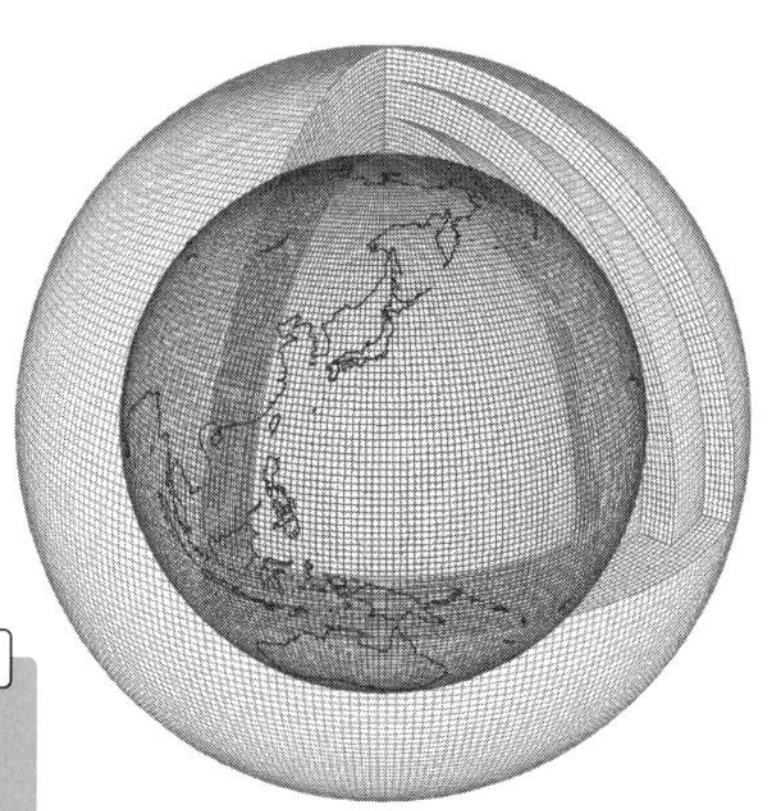

図1　全球の大気を格子で区切ったイメージ図

天気予報は、地球大気、海洋＆陸地などを細かい格子に分割し、それぞれの格子に当てはまる時刻の気温や風などの要素に海面と地表の温度の値を割り当てて初期値とする。

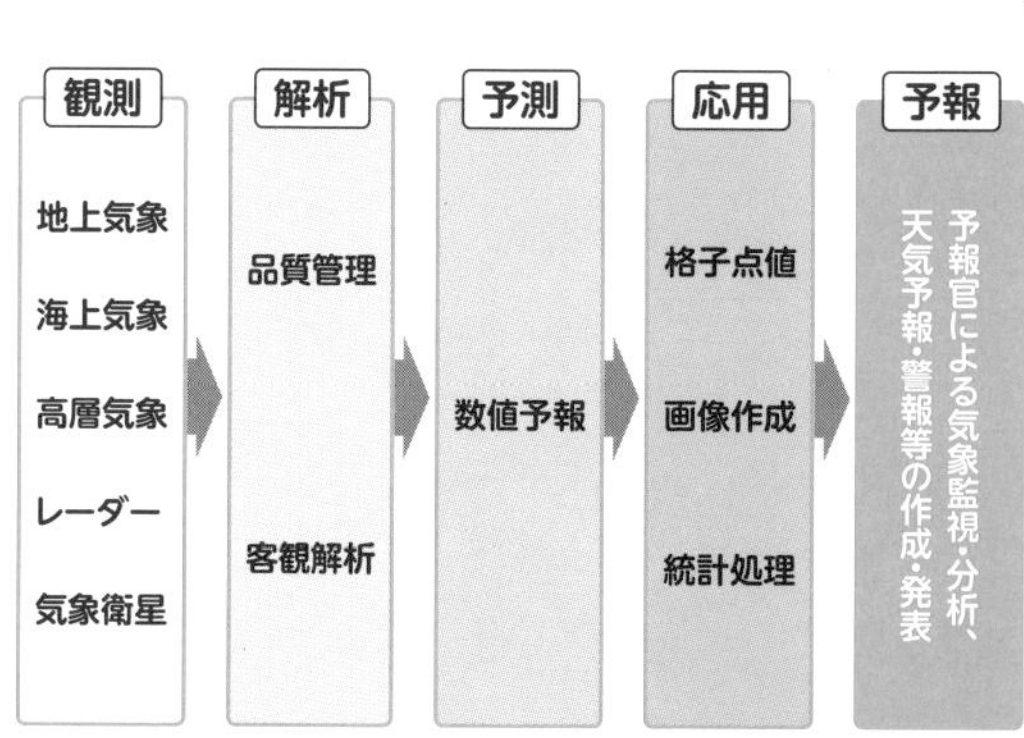

図2　天気予報発表までの流れ

図2の手順で天気予報の発表となるが、数値予報モデルの計算結果は、民間気象会社やメディアに提供され、外国気象機関でも利用されている。

図1・図2／資料：気象庁HP　https://www.jma.go.jp/jma/kishou/know/whitep/1-3-1.html

09 雨粒が落ちてくる速さってどれくらいなんだろう？

ほとんどの雨は3000m上空から落ちてきます。その**雨粒を球体と見なしたときの平均直径dは3㎜**です。空気のない空間（真空）を自由落下してくれば、速度は時間の関数として、$v＝gt$で表されます。3000m落下するのにかかる時間は、$y＝(1/2)gt^2$の式から24秒と計算でき、地上に達するときの速度は235m／sとなります。時速に換算すると846㎞／hです。飛行機の巡航速度と同じくらいの速さですね。

仮にこの速度で雨が実際に降ってきたら、そこら中に穴が開きますね。傘は役に立たないでしょう。ですが、実際の降雨では空気の抵抗によってブレーキがかかり、やがて一定の速度となって落ちてきます。

さて、雨が落ちてくるスピードを計算して求めるには、先ほどの自由落下の式に空気抵抗を加味して解く必要があります。空気抵抗は、球体が、ある風速の中で落下するときの抵抗を用います。球体に対しては、その形状抵抗係数$C_D＝0.47$を用います。これを使って速度を求めると、ある時間が経つと速度が一定になることがわかります。その**速度を終端速度（ターミナルベロシティ）**といいます（**図1**）。

ちなみに、1994年公開のスカイダイビングをテーマにした映画では、タイトルが『ターミナル・ベロシティ』とそのままだったことから、この言葉がポピュラーになりました。そのスカイダイビングでの落下スピードは、ほぼ180㎞／hくらいになります。

話を戻します。**直径が3㎜の雨粒の場合、終端速度は8.3m／s（＝30㎞／h）**と計算できます。**終端速度は、質量が大きいほど速くなり、形状抵**

抗係数が大きいと遅くなります（図2）。

たとえば、飛行機からスカイダイビングをすると、地上に激突しないようにパラシュートを開きますが、その形状抵抗係数はC_D＝1・43と大きく、かつ直径も大きいために終端速度は遅くなり、安全に降りられるわけです。

図2 大きさで形が変わる雨粒

数字は直径　参考:ウエザーニュース

1㎜　2㎜　3㎜　4㎜　5㎜　6㎜

図1 雨粒の終端速度

質量×加速度で表される落下運動は、重力と空気抵抗の差で決まる。空気のないときの自由落下と異なり、空気中では空気抵抗がブレーキとなって雨粒の速度が遅くなる。落下速度が遅くなると空気抵抗が小さくなり、今度は速くなる。そうした繰り返しは、やがてある速度で平衡状態になる。この速度の時間的変化がこの運動方程式の解となり、平衡状態になったときの速度が終端速度となる。

$$m\frac{dv}{dt} = mg - kv^2$$

$$v = \sqrt{\frac{mg}{k}}\tanh\left(\sqrt{\frac{kg}{m}}t\right)$$

終端速度（Terminal Velocity）…… $v = \sqrt{\frac{mg}{k}}$

抵抗係数…………………… $k = \frac{1}{2}C_D\rho\left(\frac{d}{2}\right)^2\pi$

球体の形状抵抗係数…………… $C_D = 0.47$

空気密度…………………… $\rho = 1.2$ [kg/m³]

水玉の質量………………… $m = \rho_w\frac{4}{3}\pi\left(\frac{d}{2}\right)^3$

水の密度…………………… $\rho_w = 998$ [kg/m³]

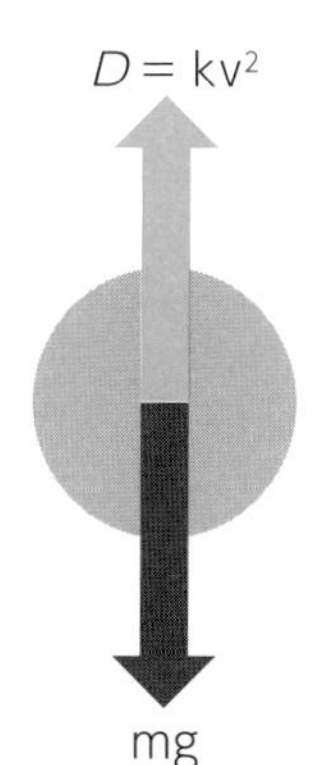

10 雨粒が落ちたときの音の大きさはどれくらいなんだろう？

篠突(しのつ)くような雨の激しい音は、けっこう耳朶(じだ)を打って気になるものです。ここでは、そんな強い雨ではなく、ふつうの雨音はどのくらいの大きさなのか、考えてみましょう。

直径3㎜の雨が降ってきて地面にぶつかったときの音の大きさを見積もってみます。雨が地面にぶつかるときは、球形の雨粒がつぶれ、板状になって地面を打つことになります。そのときにはその範囲の空気が押し出され、圧力変化が生まれます。いわば、拍手のように掌を打ちつけてパチパチと鳴らすようなものです。

まず、**雨粒の落下速度は、終端速度の計算から8・3m／sで落ちてくる**ことがわかります。扁平となった**雨粒によって押し出される空気の速度は、7m／s**です。これを**圧力に換算すると29Pa（パスカル）**となります。デシベルでは123dBです。この**音が発生する時間は0・6ms（ミリセック、1ms：0・001秒）**ほどの一瞬ですから、降りはじめはポツポツといった音になるでしょう。

水が溜まってくると、雨粒は水面に落ちるようになります。このときは、空気を押し出す音ではなく、水の中にとり込まれる気泡の振動音になります。**気泡の振動音は、気泡の直径に反比例**します。つまり、**大きな気泡は周波数の低い音を、小さな気泡からは周波数の高い音**が出てきます**（図1）**。仮に直径3㎜の気泡であれば、2190Hz（ヘルツ）、10㎜の気泡では657Hzとなります。

余談ですが、雨が海に降り注ぐときには、潜水艦のソナーが何かの危険信号と誤認しないように、雨音の周波数を把握しておく必要があります。

雨だれのように水滴が水溜まりに落ちるとき

は、特殊なことが起こっています。**水滴が形成されるときには、大きな水滴の後方に必ず小さな水滴がペアとなって落ちてくる**のです。

実は、大粒の水滴が水面に落ちた反動で、こけしのような形をした跳ね返りができます。そのこけし状の頭に小さな水滴が衝突すると気泡をとり込みます。そうすると、小さな気泡の振動音が生まれるのです。この小さな水滴がなければ音はしません。

水道の栓がきちんと閉まっていなくて、蛇口からポタポタと水滴が落ちているときも、これと同じ原理で音がするのです。

日本人は雨の降る音をいろんな言葉で表現するわい。静かに降る雨は「ポツポツ」「しとしと」「パラパラ」、急に雨が降り出したら「さーっ」「ザーッ」、梅雨の雨のようなときは「じとじと」、強い雨なら「ざあざあ」、小林一茶は「ざぶりざぶりざぶり　あめふる枯野かな」と句を読んでおるな。軒下に落ちる雨なら「ぽたぽた」、水溜りに落ちた雨なら「ぴちゃぴちゃ」じゃ。こんな表現は擬声語で、オノマトペというんだワン。

図1　雨滴の振動数

直径dの気泡が振動する周波数fは気泡直径に反比例する。つまり、小さな気泡は高い音、大きな気泡は低い音を出すこと。

記号の説明
f：振動数　d：気泡の直径［m］
P：大気圧（1013 hPa）
γ：空気の比熱比（=1.4）
ρ_w：水の密度（1000kg/㎥）

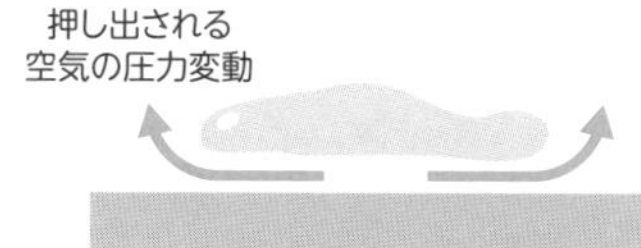

$$f = \frac{1}{\pi d}\sqrt{\frac{3\gamma P}{\rho_w}} \approx \frac{6.57}{d}$$

あとから落ちてくる小さな水滴

小さな水滴との衝突で気泡が入る

気象庁が分類している雨の強さと降り方

雨の強さ	1時間雨量（㎜）	人が受けるイメージ
やや強い雨	10～20	ザーザー降り
強い雨	20～30	どしゃ降り
激しい雨	30～50	バケツをひっくり返したように降る
非常に激しい雨	50～80	滝のように降る
猛烈な雨	80～	息苦しくなるような圧迫感。恐怖感

参考：気象庁HP　https://www.jma.go.jp/jma/kishou/know/yougo_hp/amehyo.html

11 北風〝ぴゅーぴゅー〟はどこから聞こえてくるんだろう？

「木枯らし」が吹くと、風の強さもさることながら、木枯らしという言葉で、より強く寒々とした感じになりますね。**木枯らしとは、10月半ばの晩秋から11月末の初冬の間に、はじめて吹く毎秒8m以上の北寄りの風**のことです。

東京地方と近畿地方でこんな冬の到来を感じさせるような風が吹いたとき、気象庁から「木枯らし1号」が発表されます**（図1）**。西高東低の冬型の気圧配置**（図2）**になると、北寄りの冷たい風が吹き、この風が本州の山脈にぶつかるため日本海側では上昇流が発生し、雨や雪が降ります。

こうした季節になると、日本海側では枯葉が雨や雪に濡れて風に飛ばされにくく、葉を散り尽くすこともありません。そのため、**日本海側では木枯らしという言い方がない**のです。一方、太平洋側には山脈から吹き下ろす下降流が発生し、乾燥した北寄りの風が吹きます。この乾燥した北寄りの風が強まると、木枯らしということになるわけです。

さて、ではぴゅーぴゅーというオノマトペ（擬声語）で表す音は、どこから来るのでしょうか？

実は、直径D［m］の円柱に風速U［m／s］の風が吹くと、その円柱後方には規則的にきれいに並んだ渦の列**（カルマン渦列）**ができます。その渦の発生周波数f［Hz］は、Uに比例して、Dに反比例します。比例定数Stを**「ストローハル数」**といいます。この値はほぼ一定でSt＝0・2です。ぴゅーという音は**（図3）**、音階でいえば高音のファの音に聞こえます。周波数でいうと1397Hzです。風速20m／sとすると、直径3㎜くらいの小枝から出る音となります。隙間を通り抜けるときの音（キャビティー音）も発生するでしょう。

このファの音を出す隙間は8・6㎜と計算できます。

なお、**ぴゅーという音は、高音から周波数が落ちる表現**です。ということは、**風速が落ちることを意味**しています。つまり、自然の風は一定の風速というわけではなく、時間的に風速や風向が変動する乱流なのですね。

図2 冬型の気圧配置の例

西高東低の冬型の気圧配置

図1・図2／参考：tenki.jp

図1 木枯らし1号の発表条件

東京地方

期間	10月半ば〜11月末の間
気圧配置	西高東低の冬型で、季節風が吹くこと
風向	東京で西北西〜北
風速	東京で最大風速がおおむね風速5（風速8m以上）／発表は最大瞬間風速

近畿地方

期間	霜降り（10月24日ごろ）〜冬至（12月22日ごろ）まで
気圧配置	西高東低の冬型
風向	北寄り
風速	最大風速8m以上／発表は最大瞬間風速

図3 「ぴゅー」の音はストローハル数

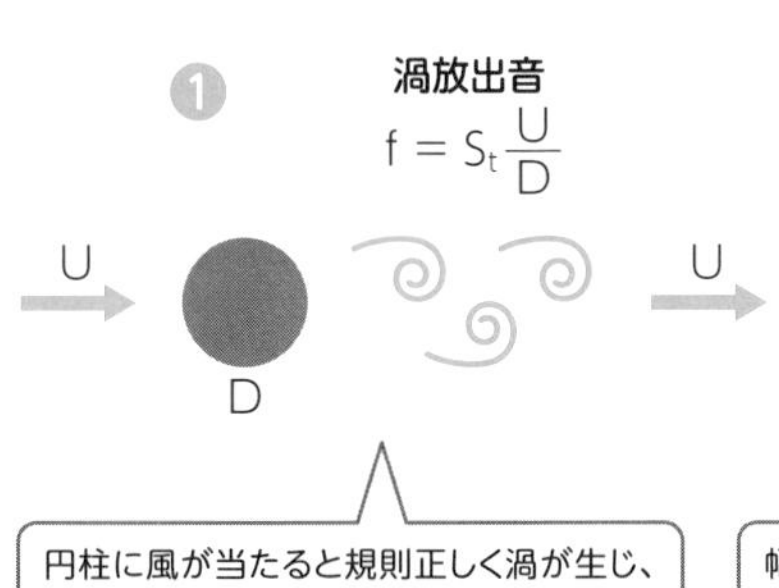

円柱に風が当たると規則正しく渦が生じ、その周期で決まる周波数の音が発生する。たとえば棒を振り降ろすと「ぴゅっ」という音がするが、このときも渦が発生している。

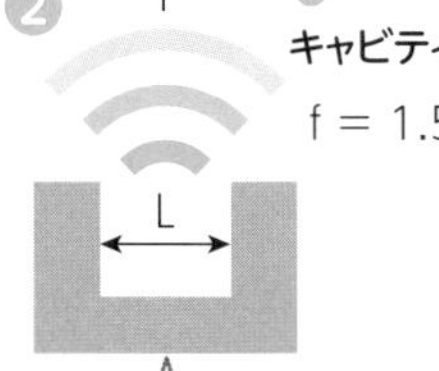

幅Lの溝に直角に風が吹くと、その幅に反比例した周波数の音が発生するが、これは隙間風の音。

記号の説明
f：発生周波数　St：ストローハル数
U：風速　D：直径
L：隙間の寸法［m］

12 津波が**押し寄せる力**ってどれくらいすごいんだろう？

津波といえば、どうしても2011年3月11日に発生した東日本大震災を思い出してしまいます。テレビ画面で見た津波の衝撃は想像を超えていました。大変な被害をもたらす津波ですが、その力とはいったいどれほどなのでしょうか？

　例として、幅40m、高さ20m、奥行き10mのビルに、高さ20mの津波が秒速10mの速さで押し寄せたことを想定します（**図1**）。このとき、ビルにはどれほどの力が作用するのかを見積もってみます。

　この**ビルの正面に津波が押し寄せてくると、押し寄せたときにまず動圧がかかります。その後、前後を水で覆われると形状抵抗力が作用**します。動圧は50000Pa（パスカル）と計算でき、これに正面面積を掛けると力となります。したがって、40×10^6Nの力が求められますが、**重さに換算すると4081トン**となります。

　津波は、ビルの正面を襲ったあと裏側の周囲も水で覆い、さらに10m／sの流れが押し寄せることになります。**このとき掛かる力は形状抵抗力**です。直方体の形状抵抗係数は1・05程度です。そうすると、形状抵抗係数は**42×10^6N（重さ換算で4285トン）**となり、正面にだけ力が作用するときとそれほど変わらない力が掛かり続けることになります。

　また、水没状態では浮力が作用しているので、その力を計算すると、**78×10^6N（重さ換算で8000トン）**となります。このビルには、合力として水平面から62°後方に**89×106N（重さ換算で9082トン）**の力が掛かるので、ビルは土台から持ち上がって、ひっくり返るように倒れてしまいます（**図2**）。

引き潮のときは、流れの方向が逆になります。流れが後面に当たると後面には渦ができ、地面を掘り下げます。水際の砂浜に立っていると、押し寄せてきた波が引くとき、足元の砂が掘り下げられて不安定になりますね。それと同じことが起きるわけです。

　ともあれ、こうした例を仮想して計算すると、津波は想像を絶した力が作用する、ということがわかるのです。

図1　ビルに押し寄せる津波

こうした大きさのビル正面に津波が押し寄せると、重さ換算で4081トンにもなる動圧が最初に衝撃的に作用する。その後、津波はビルの前後を水で覆われ、重さ換算は4285トンに及ぶ形状抵抗力が作用し続ける。そのうえ、重さ換算で8000トンによる浮力も作用する。こうした力が合わさると9082トンの合力が斜め上方向に掛かることになるため、ビルは土台から持ち上がり倒壊する。

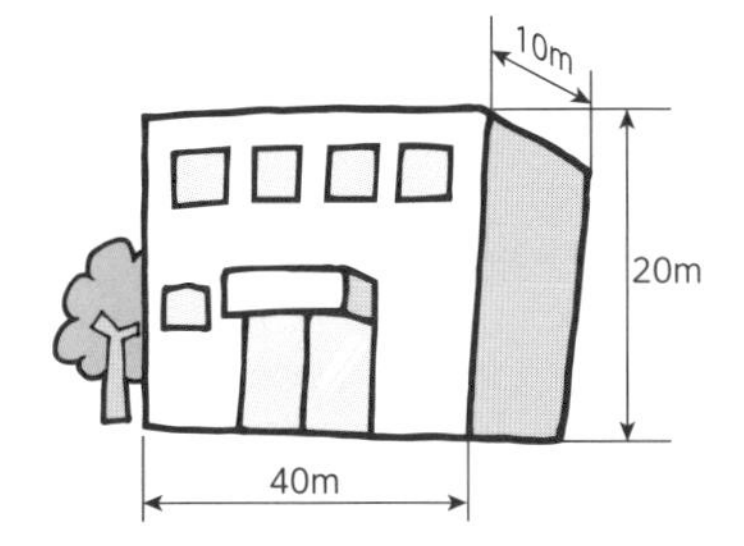

ビルを襲う津波の力の物理記号

動圧：$\frac{1}{2}\rho u^2$　静水圧：ρgh　水面からの深さ：h

水の密度：ρ　形状抵抗力：$C_D\frac{1}{2}\rho u^2$　浮力：ρgV

物体による水の排除体積：V

図2　ビルに掛かる浮力と合力

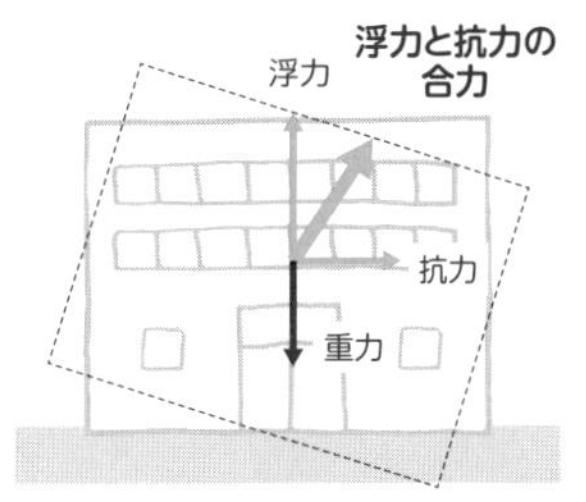

時速800㎞

時速250㎞

時速110㎞

時速36㎞

津波の押し寄せるスピード

参考：仙台管区気象台

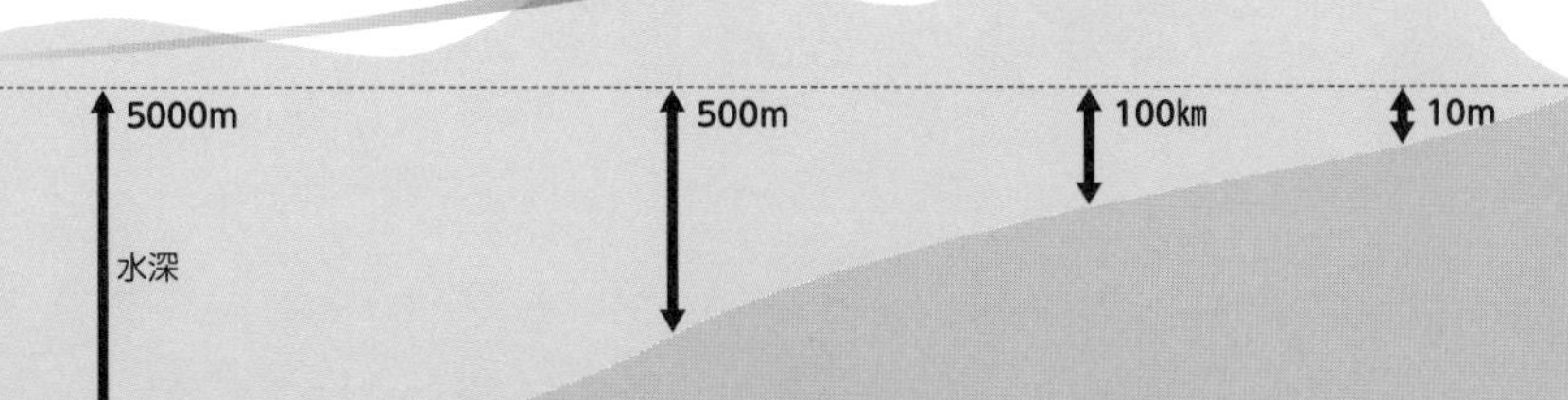

13

川はまっすぐ流れずにどうして蛇行するんだろう？

　当たり前ですが、川は高いところから低いところに向かって流れていきます。これを物理的に考えると、**「川の流れとは高低差に基づく位置エネルギーが運動エネルギーに変換された結果」**と説明できます。

　川の横断面形状**（図1）**が台形で川底に砂利や砂などがあるとき、**「マニングの公式」**によって流速を求めると、川幅20m、深さ4mの場合では流速は4・35m／sとなります。水流としては結構速いですね。

　この**横断面内で等流速分布を描くと、水面からちょっと下の位置で最大流速となり、川底では0となる速度分布**が確認できます。こうした川が何らかの原因でカーブすると、遠心力が最大流速のところで大きくなり、最大流速部分はカーブの外側に寄っていきます。

　一方、川底では、流れをカーブさせるための向心力が、カーブの外側から内側への圧力が低くなるように**「圧力勾配」**という圧力の差をつくります。川底の流速は遅いうえに運動量が小さいので、圧力勾配によってカーブの内側に向かう流れが生じます。ですから、**水面近くではカーブの外側に、川底付近ではカーブの内側に向かう流れが生じ、全体としてねじれた流れとなる**わけです。

　カーブの外側に向かう流れは、縁に沿って下降する速い流れのまま川底に衝突し、その部分を掘り下げることになります。土砂は、川底に沿ってカーブの内側に運ばれ、内側の縁に沿う遅い上昇流によって内側に溜まっていきます。

　年月が経つにつれ、このようにして徐々に川の外側が削られ、削られた土砂は内側に堆積していきます**（図2）**。そうすると、川の蛇行度合いが

なぜニャ～！？

きつくなっていきます。このような**断面内の流れを2次流れ**といいます。

川の蛇行は氾濫を伴います。洪水を防ぐための治水は、現代でも重要な土木工事ですが、その歴史は古く弥生時代からといわれています。人々は川の恩恵を受けつつ、時に暴れる氾濫への防備に知恵を絞っていたのですね。

図2　川砂の堆積と蛇行

川の蛇行は、流れのゆるやかな下流で起こりやすい。もともと曲がりながら流れている川では、ある場所に溜まっていた土砂が下流に運ばれ、湾曲している場所に堆積する。こうしたことが繰り返されると川の流れが変わり、蛇行することになる。

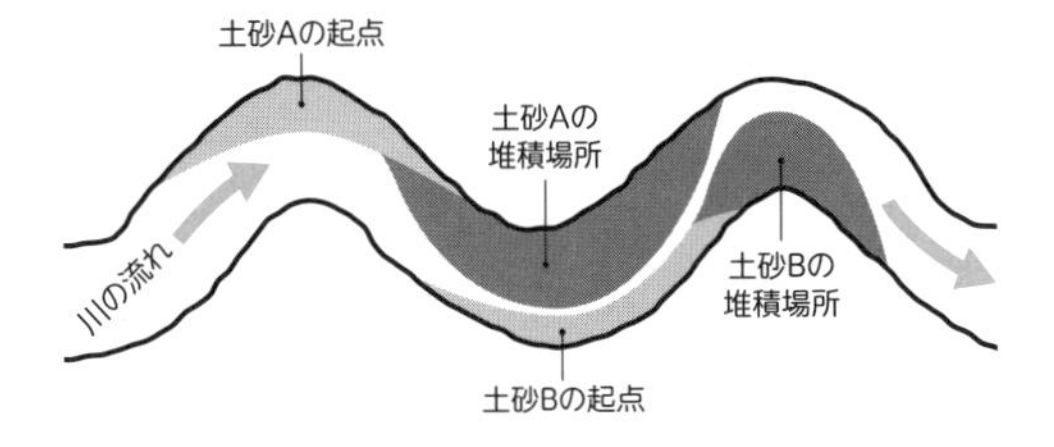

図1　川の横断面形状

台形断面の流路を流れる平均流速の見積もり

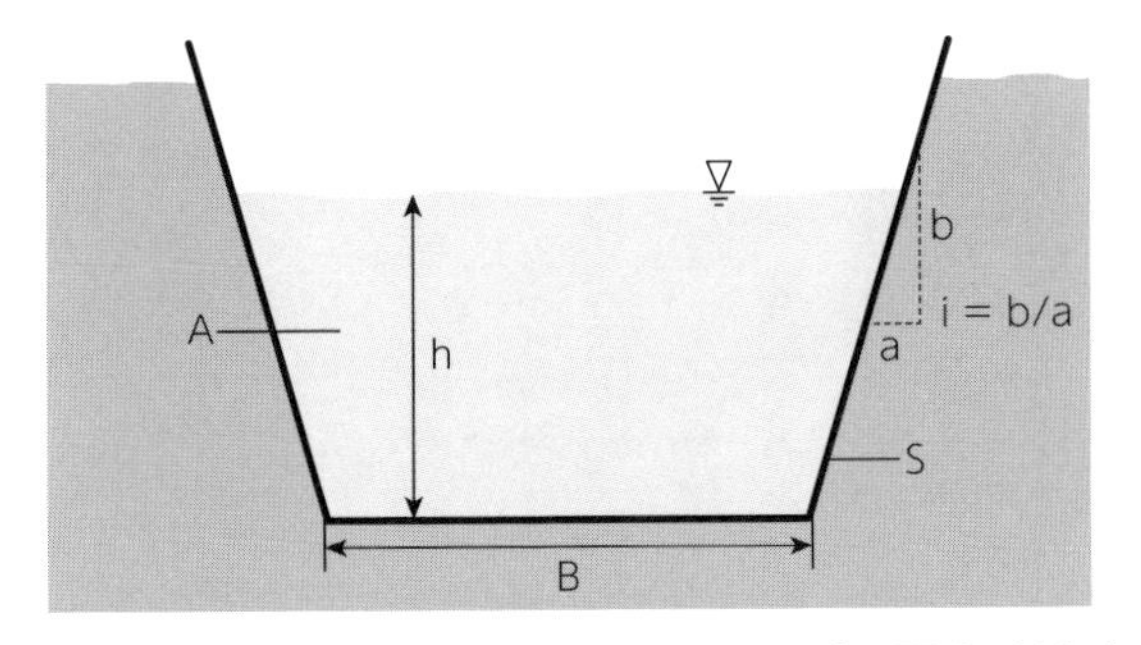

水路勾配 I	0.0017
マニング粗度係数 n	0.02
水深 h[m]	4
水路幅 B[m]	20
法面勾配 i	1.0
流速 v[m/s]	4.35063
流量 Q[m³/s]	417.661
フルード数 Fr	0.750301

川底勾配H＝tanθによる流速／マニングの開水路流速

rh：水力半径＝A/w　A：水の断面積　w：川断面の縁の長さ　C：係数

遠心力：$F = m\frac{v^2}{r}$　r：回転半径　v：周速度

川の高低差（川底勾配）で川の断面形状を同じ面積の円に換算したとき、水が接している長さ（濡れぶち長さw）でその円の面積を割った値を水力半径という。マニングの式は、それらを使って断面内の平均速度を求める式のこと。

圧力勾配

圧力勾配は圧力の距離に対する変化を表す。たとえば100Paから50Paに10mで変化すると圧力勾配は（50-100）/10＝-5Pa/m。圧力勾配は、圧力の傾斜のこと。

負の圧力勾配（順圧力勾配）：流れ方向に圧力が低くなる変化の傾き

正の圧力勾配（逆圧力勾配）：流れ方向に圧力が高くなる変化の傾き

湾曲しているところはえぐれて深くなっているうえに渦が巻いているから魚の餌になるものが溜まる。だから魚にとってもいい場所なんじゃワン。

14 雷はどうして起きて パワーはどれくらいなんだろう？

湿度の高い夏場の内陸では、日差しによって暖められて湿った空気が地面付近から上昇していきます。そうすると、上空の気圧と気温の低下で水蒸気が凝縮し、水滴になって雲が発生します。

水滴になるときには**「凝縮潜熱」**で周囲の空気を温め、さらに上昇気流を加速して発達した積乱雲になります。上空に寒気が入っている場合、**雲の中の高度が8㎞以上であれば温度は-30°を下回ります。微細水滴は氷晶になり、正（プラス）に帯電して上昇気流に乗って上空に漂います。**

8㎞以下の高度では、直径5㎜未満の氷の粒の霰（あられ）となり、負（マイナス）に帯電します。そうして上昇気流に乗るものの**空気抵抗により霰の重さと釣り合って雲の下部に漂い**ます。なお、正に帯電するのか、負に帯電するのかは周囲の温度によります。温度が-10°あたりであれば右記の関係が逆となり、氷晶が負、霰が正となります。

雲の下の霰が負に帯電している場合、地上には静電誘導によって正の電荷が溜まることになります。そして、**空気の絶縁の限界値（約300万V／m）を超えると、電子が放出されて放電現象が起きます。**これが稲妻です（図1①）。

雷雲の上層と下層の間に稲妻が観察されれば**「雲間放電」**と呼ばれ、雷雲の下層と地上の間に観察されれば**「落雷」**と呼ばれます。落雷は、稲妻が雲下部から地上へ向けて走るものですね。

冬では、中国大陸で冷えた大気が、日本海からの湿った暖かい空気によって上昇し、強い風の流れの方向に引き延ばされます。その結果、いくつものロール状の対流が起き、流れの方向に延びた雲の列が並びます。そうすると、もともと雲の上層部にあった正に帯電した氷晶部分が地上に接近気象庁は、2005～2017年までの12年間で落雷被害が1,540件あったと発表しておる。そのうちの約30%468件が8月だったというのう。太平洋側が約65%、日本海側が約35%で、4月から10月は太平洋側が多く、11月から3月では日本海側が多いんだそうじゃワン。

図1　夏の雷雲と冬の雷雲

①夏の雷雲と稲妻

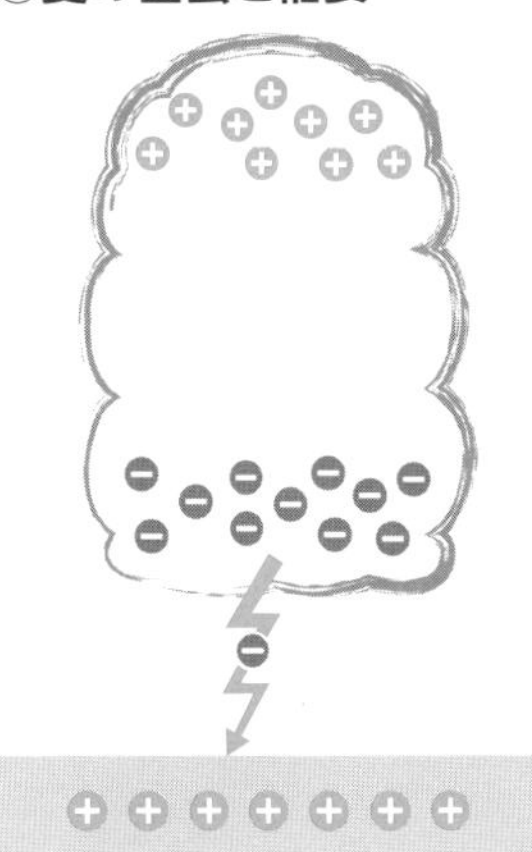

②冬の雷雲と稲妻

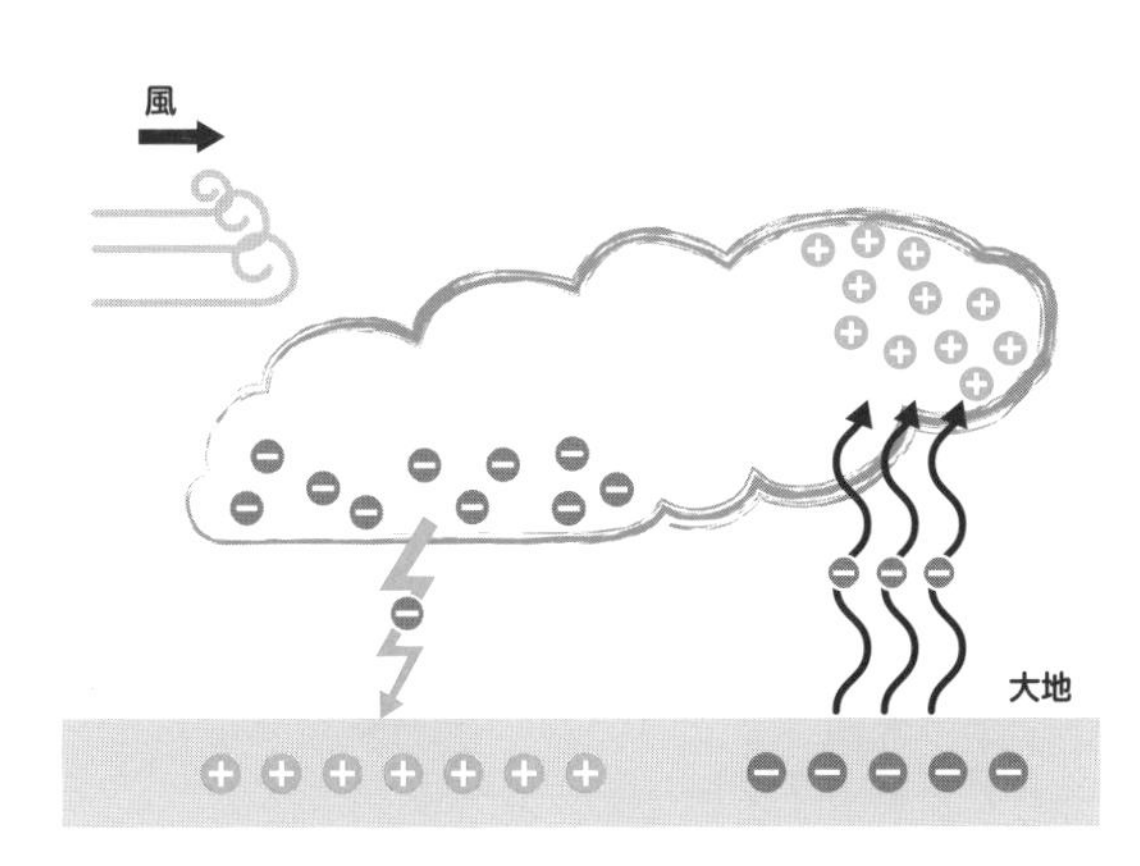

し、それに誘導されて地上には負の電荷が溜まります。

また、雲の後端部では、負に帯電した霰による静電誘導で地上に正の電荷が溜まります。雲の頭では雷は地上から雲に向かい、雲の後端では地上に向かって稲妻が走ることになります（図1②）。

なお、**雷の音は、大気の急激な温度上昇によって引き起こされた急激な大気膨張による衝撃波の音**です。

雷は、1㎲（0.001秒）の間の放電です。そのエネルギーは、一瞬だけにしろ90億個の白熱灯を光らせ、日本のすべての家庭の約50日分の電気代に匹敵します。まさにすさまじいパワー、それが雷ということですね。

フリーフォールでは どうして無重力になるんだろう?

遊園地で垂直に降下するアトラクションが「フリーフォール」です。これを地上で見ているAさんと乗車しているBさんのそれぞれの視点で見てみましょう。

まず、落下がはじまる前のライド（乗車部）内の状況は、地上のAさんの目には、ルーフ（屋根）からぶら下がる重りが糸のテンションと釣り合い止まっているように見えます。乗車しているBさんは、体重でイスを押し付け、押し上げるイスからの反力と釣り合って座ったままの状態です。

さて、突発的にライドが重力加速度gを受ける自由落下（空気抵抗は無視）をはじめたとしましょう。ちなみに自由落下とは、真空中での落下のように、空気の摩擦や抵抗などを受けず、重力のみで落下する現象のことです。

「ニュートンの第一法則」の〝止まっているものは力が作用しない限り止まり続けるか、等速で動き続ける〟という「慣性の法則」および「第二法則」の運動方程式にのっとる運動を、見学しているAさんは目にすることになります。つまり、Aさんの視点では、ライドが自由落下しているように見えるわけです。

ライド内の重りには、ライドの動きが伝わっていないので、重りはその場にとどまろうとします。ライドのルーフは下がってきますが、そのため吊り下げていた糸にはテンションがかからなくなります。セーフティーバーを握らない限りBさんにもライドの動きが伝わりません。そのため、重りと同様にその場にとどまろうとします。イスはBさんから離れていこうとするので、イスからの反力がなくなります。重りもBさんも、その場にとどまるには体重と同じ大きさの力が上向きに作用しなければ、体重と合力が0になりません。そうすると、加速して落ちていくライド内のBさんは、体重を打ち消すような上向きの力が作用したように感じます。つまり、無重力となったように感じるわけです。

Bさんが乗る加速するライドの中を「非慣性系」といいます。乗車中にセーフティーバーでしっかりと体を押さえておかなければ、Bさんはライドのルーフにぶつかっていくように感じるでしょう。

支えのない重りはルーフに激突します。ちなみに、非慣性系でこの真逆にかかる見かけの力を「慣性力」といいます（混乱しそうですよね）。円運動させるための向心力に対して遠心力は慣性力、つまり〝見かけの力〟です。

Aさんからは、Bさんが自由落下運動しているように見えます。しかし、Bさんは重力がキャンセルされているので無重力を感じています。座標系によってモノの見え方、感じ方が違うのです。なお、フリーフォールは、自由落下しないと無重力を体験できません。

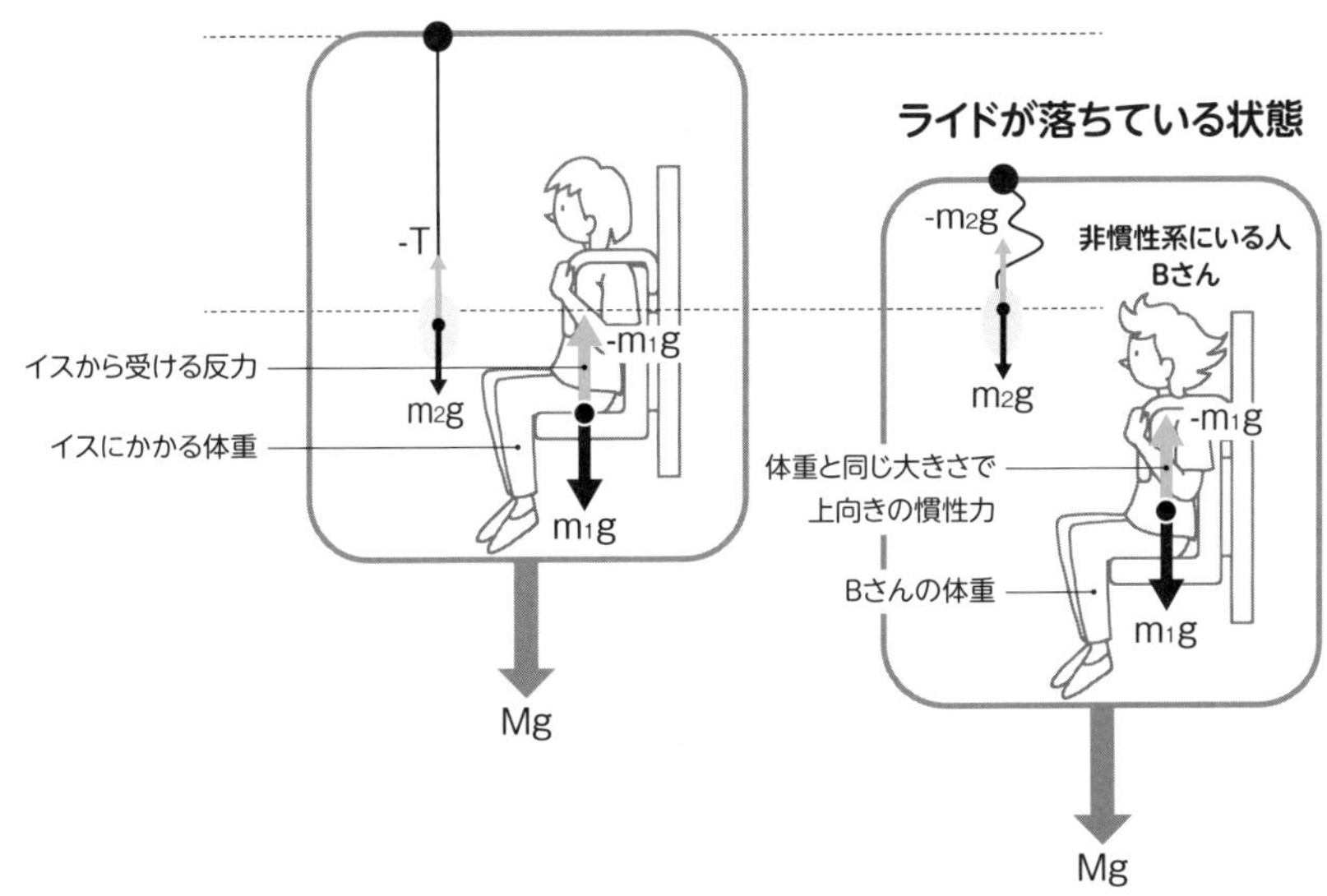

静止しているときBさんはイスにかかる体重とイスからの反力が釣り合い、イスの上に座ったままでいられる。ライドが落ちはじめるとBさんには自分の体重と同じ大きさで上向きの「慣性力」が作用するため、慣性力が体重と打ち消しあって、Bさんは無重力を感じる。そのためにイスに体重がかからない。

著者紹介

望月　修（もちづき　おさむ）

1954年、東京生まれ。北海道大学工学部卒業後、82年に北海道大学大学院・博士後期課程修了。工学博士。名古屋工業大学助手、北海道大学工学部講師、87年から同大学助教授を経て東洋大学理工学部教授。22年名誉教授。日本機械学会フェロー、日本流体力学会フェロー、埼玉県産業振興公社マッチングコーディネータ、「Be-Link」代表。1980年代後半に、スキージャンプ日本代表チームの依頼で飛行姿勢の解析に取り組み、以来、流体工学、バイオミメティクス、スポーツ工学の研究に従事。開発に携わった競技用水着は2012年ロンドンオリンピック、16年リオデジャネイロオリンピック、また20(21)年東京オリンピックでは開発した水着とカヤックが使われた。「工学は愛である」をモットーに、「Be-Link」で日本の未来を担う若手技術者の教育に心血を注いでいる。主な著書・共著に『流体音工学入門』『きづく！ つながる！ 機械工学』（朝倉書店）、『生物から学ぶ流体力学』（養賢社）、『物理の眼で見る生き物の世界』『生活の中にみる機械工学』（コロナ社）、『オリンピックに勝つ物理学』『おもしろい！ スポーツの物理』（講談社）、『眠れなくなるほど面白い　図解　物理でわかるスポーツの話』（日本文芸社）などがある。

編集／米田正基（エディテ100）
ブックデザイン・イラスト／室井明浩（studio EYE'S）

眠(ねむ)れなくなるほど面白(おもしろ)い
図解(ずかい)　すごい物理(ぶつり)の話(はなし)

2023年4月10日　第1刷発行
2024年9月20日　第3刷発行

著　者　望月(もちづき)　修(おさむ)
発行者　竹村　響
印刷所　TOPPANクロレ株式会社
製本所　TOPPANクロレ株式会社
発行所　株式会社 日本文芸社
〒100-0003　東京都千代田区一ツ橋1-1-1　パレスサイドビル8F
URL　https://www.nihonbungeisha.co.jp/

Printed in Japan 112230328-112240906 Ⓝ 03　(300064)
ISBN978-4-537-22090-2

（編集担当:坂）